Adobe Dreamweaver CS4

网页设计与制作技能案例教程

郭子明 成于思 主 编

韩新洲 白红 徐春雨 副主编

印刷工业出版社

内容提要

　　本书在提供大量应用性较强案例的同时，还由浅入深地讲解网页制作的步骤与方法，使读者在短时间内全面掌握Dreamweaver CS4的使用方法。

　　本书内容以讲解实用的案例为主线，通过对网页设计与制作过程的图文介绍，使读者在学习"综合实例"的同时在"能力拓展"上得到更大的提升。全书分为11章，包括建立第一个站点、网页基本元素的插入与编辑、超链接的应用、CSS样式表的应用、使用表格布局网页、层的应用、框架与Spry框架的应用、模板与库的应用、行为与动作的应用、表单的应用、制作留言系统等内容。

　　本书可作为各大中专院校"数字媒体艺术"相关专业的教材，还可以作为想从事网页设计的自学者的用书。

图书在版编目（CIP）数据

Adobe Dreamweaver CS4 网页设计与制作技能案例教程/郭子明，成于思主编．
－北京 ：印刷工业出版社，2011.9
ISBN 978－7－5142－0243－4

Ⅰ.A… Ⅱ.①郭…②成… Ⅲ.网页制作工具，Adobe Dreamweaver CS4－教材 Ⅳ.TP391.41

中国版本图书馆CIP数据核字(2011)第185603号

Adobe Dreamweaver CS4 网页设计与制作技能案例教程

主　　编：郭子明　成于思
副 主 编：韩新洲　白　红　徐春雨

责任编辑：赵　杰
执行编辑：周　蕾　　　　　　　　责任校对：郭　平
责任印制：张利君　　　　　　　　责任设计：张　羽
出版发行：印刷工业出版社（北京市翠微路2号 邮编：100036）
网　　址：www.keyin.cn　　www.pprint.cn
网　　店：//shop36885379.taobao.com
经　　销：各地新华书店
印　　刷：北京佳艺恒彩印刷有限公司

开　　本：787mm×1092mm　　1/16
字　　数：391千字
印　　张：17
印　　数：1～4000
印　　次：2011年9月第1版　　2011年9月第1次印刷
定　　价：49.00元
ISBN：978－7－5142－0243－4

如发现印装质量问题请与我社发行部联系　发行部电话：010-88275602

丛书编委会

编委会主席：谢宝善

编委会副主席：赵鹏飞

主编：时延鹏

副主编：高 鸿

编委：（按照姓氏字母顺序排列）

白 红	陈 亮	方 圆	郭峻玮	韩新洲
何 芳	霍 楷	焦 灵	李景顺	李 霜
李 响	刘本君	刘 峰	马大勇	马李昕
马玥桓	聂丽伟	聂玉成	宁 蒙	裴伟壮
沈启鲁	时延辉	王德成	徐金凯	易连双
袁志刚	占孝琪	张慧娇	张 琦	张照雨
赵 杰	周 蕾			

Dreamweaver CS4是Adobe公司推出的可视化网页设计制作与管理软件，被广泛应用于网页设计领域，此版本软件的操作界面简单明了，还在以往版本的基础上新增了许多实用功能，深受广大网页设计爱好者的喜爱。为了使广大读者能够更全面的掌握该软件，组织编写了该教程。

本书主要特色

◎综合实例

针对每个知识点和技术给出一个具体的任务，通过任务导入和分析，读者可依据详细的操作步骤完成任务，轻松学习。

◎知识解析

对每章任务涉及的基本知识点和技巧，通过"基础知识解析"环节进行提炼，便于读者更好地掌握Dreamweaver网页设计的基本知识。

◎能力拓展

读者在理解基本知识的基础上，通过"触类旁通"环节进一步巩固和加深知识点和技巧的应用，达到举一反三的效果。

◎模拟考题

本书结合认证设计师考核标准，通过"认证知识必备"环节检验读者知识点掌握程度，逐步达到认证考核要求。

本书的配套资源

本书配备了书中所有实例的素材文件及最终效果文件，读者可以利用素材文件进行实例制作，并对照提供的最终效果文件进行制作效果的检验。

本书读者对象

◎网页设计与制作人员；

◎大中专院校相关专业师生；

◎网页设计培训班学员；

◎网页设计自学读者。

由于作者水平有限，时间仓促，本书不足之处在所难免，恳请读者批评指正！

编 者

2011年7月

目录 **Contents**

第10章　表单的应用

第11章　制作留言系统

第1章　建立我的第一个站点

1.1　任务题目

　　本任务通过建立一个个人站点，熟悉Dreamweaver CS4的工作环境，了解建站的流程，掌握站点管理的相关知识。

1.2　任务导入

　　作为业界领先的网页开发工具，Dreamweaver自问世以来就倍受广大网页设计爱好者的关注，Dreamweaver CS4更是以其强大的性能、丰富的功能及简便实用的操作，巩固了其在网页设计领域的霸主地位。目前，Dreamweaver已经成为网页设计师必修的一门课程。本章将学习如何建立一个个人站点，并对Dreamweaver CS4操作界面以及站点管理的相关知识进行介绍，为以后更深入地学习奠定基础。

1.3　任务分析

1．目的

　　熟悉Dreamweaver CS4的工作环境，了解网站的开发流程，能用不同的方法建立一个完整的静态站点。

2．重点

　　（1）熟悉站点的开发流程。

　　（2）掌握站点文件的管理。

　　（3）掌握使用向导和高级面板建设站点。

3．难点

　　（1）站点的规划。

　　（2）编辑站点文件。

1.4　技能目标

　　（1）根据任务要求，合理规划站点结构，能用结构图的形式绘制出站点结构图。

　　（2）能够对已经建立的站点文件及结构进行编辑。

1.5 任务讲析

1.5.1 实例演练——建立一个个人站点

在创建站点之前，最好先建立一个站点结构图，然后根据结构图创建个人站点的文件及文件夹。本站点的结构图如图1-1所示。

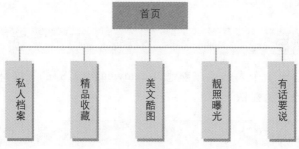

图1-1 站点结构图

01 运行Dreamweaver CS4，选择菜单栏【站点】>【新建站点】命令，如图1-2所示。

02 打开"站点定义"向导，在"您打算为您的站点起什么名字"文本框中输入站点名称"我的小站"，单击【下一步】按钮，如图1-3所示。

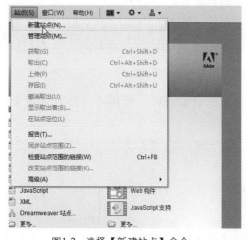

图1-2 选择【新建站点】命令

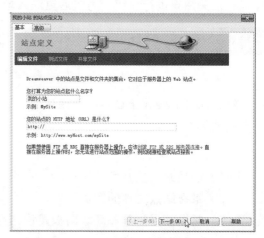

图1-3 输入站点名称

03 在"站定定义"第2部分的界面中，【您是否打算使用服务器技术】中选择"否，我不想使用服务器技术。"单选按钮，这里不使用服务器技术。然后单击【下一步】按钮，如图1-4所示。

04 在"站点定义"第3部分的界面中，选择"编辑我的计算机上的本地副本，完成后再上传到服务器"单选按钮，并在"您将把文件存储在计算机的什么位置"文本框中输入网站的存储位置，这里选择"E:\我的小站"。单击【下一步】按钮，如图1-5所示。

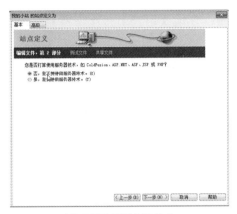
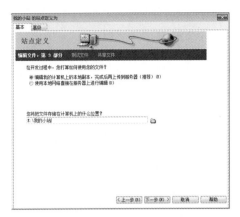

图1-4　选择是否使用服务器技术　　　　　　　图1-5　选择文件存储的位置

05 在"您如何链接到远程服务器"下拉列表中选择"无"，如图1-6所示。等到网站建设完成后再与FTP链接。单击【下一步】按钮进入下一界面。

图1-6　选择如何连接远程服务器

06 在"总结"界面中，确认无误后单击【完成】按钮，完成后可以在资源面板中看到建立的站点，如图1-7、图1-8所示。站点创建完成之后，就要着手对站点中文件夹及文件的创建了，下面就以上述站点的创建为例进行介绍。

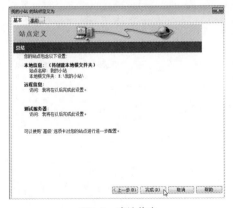

图1-7　确认信息　　　　　　　　　　图1-8　完成站点建立

07 打开"文件"面板，单击面板右侧的 ≣ 按钮，弹出【文件】、【编辑】、【查看】和【站点】等命令。这里选择【文件】>【新建文件夹】命令，如图1-9所示。

08 在弹出的文件夹中输入文件夹名称，这里输入"pic"，该文件夹用于存放网站的图像文件，如图1-10所示。

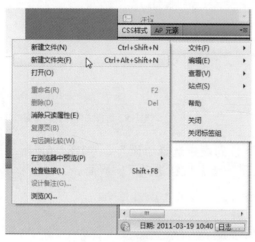

图1-9　新建文件夹

图1-10　输入文件夹名称

09 选择【文件】>【新建文件】命令，在弹出的文件中输入文件名，这里输入"index.html"，如图1-11所示。

（提示）

　　通常首页的命名为index.html、index.htm、index.asp等。这是一种约定成俗的习惯。

10 用上述方法依次建立如图1-12所示的文件和文件夹。至此，个人站点结构建立完毕。

图1-11　建立首页文件

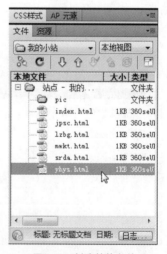

图1-12　创建其他文件

小知识：什么是网站、首页？

简单地讲，网站是由域名（网站地址）和网站空间构成，一个网站通常包括一个主页和若干个其他网页。当打开某一个网站，显示在眼前的第一个页面，称为首页。

1.5.2 基础知识解析

1. 熟悉Dreamweaver CS4界面

启动Dreamweaver CS4的初始界面如图1-13所示。在初始界面中，单击"新建"选项区中所列常用Web文档中的任意一种，即可进入Dreamweaver CS4的操作界面，同时建立相应的文档，并进行编辑。

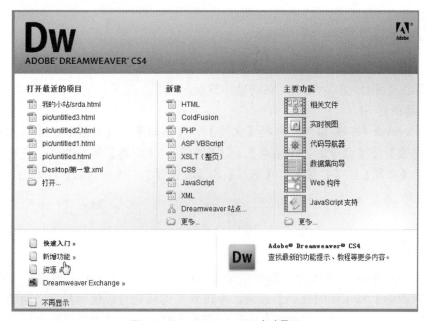

图1-13 Dreamweaver CS4启动界面

Dreamweaver CS4的操作界面如图1-14所示。Dreamweaver CS4工作区的操作界面集中了多个面板和常用工具，主要包括"菜单栏"、"文档工具栏"、"编辑窗口"、"标签选择器"、"状态栏"、"'属性'面板"和"浮动面板组"等。与CS3版本相比，插入栏更改为插入面板，在浮动面板组中显示。这样，不仅增大了文档窗口的空间，还使得设计更为人性化，更便于用户操作文档。

图1-14　Dreamweaver　CS4工作界面

下面详细介绍Dreamweaver CS4的操作界面。

（1）菜单栏

Dreamweaver CS4的菜单栏包括【文件】、【编辑】、【查看】、【插入】、【修改】、【格式】、【命令】、【站点】、【窗口】、【帮助】等。此外，在主菜单的右侧还增加了【布局】、【扩展】、【站点】和【设计器】四个图标按钮，如图1-15所示。

文件(F)　编辑(E)　查看(V)　插入(I)　修改(M)　格式(O)　命令(C)　站点(S)　窗口(W)　帮助(H)　▦ ▾　✿ ▾　品 ▾　｜　设计器 ▾

图1-15　菜单栏

（2）文档工具栏

文档工具栏如图1-16所示，其中包括【代码】视图、【拆分】视图、【设计】视图、【实时视图】和【实时代码】按钮，单击对应的按钮可以使用户在文档的不同视图间快速切换。此外，文档工具栏还包含一些查看文档、在本地和远程站点间传输文档的常用选项和命令。如图1-16所示为展开的文档工具栏。

◇代码　拆分　设计　实时视图 ▾　实时代码　｜　标题: 无标题文档　｜　孔. ⑤. 　 C ▣ ⑤. ◈ ⼝ 检查页面

图1-16　文档工具栏

❖ 【代码】视图：在该视图模式下，用户可以手工编写HTML、ASP VBScript、XSLT、
　　JavaScript、服务器语言代码以及任何其他类型代码的编码环境。

❖ 【设计】视图：该视图模式相当于一个用于可视化页面布局、可视化编辑和快速应用程序
　　开发的设计环境。在该视图中，Dreamweaver显示文档的完全可编辑的可视化表示形式，类
　　似于在浏览器中查看页面时看到的内容。

❖ 【拆分】视图：该视图模式即代码视图模式的一种拆分版本，可以通过滚动的方式对文档
　　的不同部分进行操作。

✤ 【实时视图】：该视图模式与【设计】视图类似，"实时"视图则更逼真地显示文档在浏览器中的表示形式，并使用户能够像在浏览器中那样与文档交互。【实时视图】不可编辑。不过，用户可以在【代码】视图中进行编辑，然后刷新【实时视图】来查看所做的更改。

✤ 【实时代码】视图：该视图模式仅当在【实时视图】中查看文档时可用。【实时代码】视图显示浏览器用于执行该页面的实际代码，当用户在【实时视图】中与该页面进行交互时，它可以动态变化。【实时代码】视图不可编辑。

（3）状态栏

文档窗口底部的状态栏提供了用户正在创建的文档的有关信息，如图1-17所示。

图1-17　状态栏

（4）属性检查器

属性检查器中显示的是网页设计中各对象的属性，所选对象不同，显示的属性也就不同。在默认情况下，属性检查器位于文档窗口的底部，通过双击"属性"使该面板显示或者隐藏，还可以通过单击并拖动的方法移动该面板到文档窗口的其他位置。如图1-18所示为文档中某图像元素的属性面板，其中包含了图像的宽、高、源文件、链接等属性内容。

图1-18　属性检查器

除此之外，还有一些浮动面板组，这些面板可以在需要时随时显示出来，而在不需要的时候则可以将其折叠隐藏，如图1-19所示。

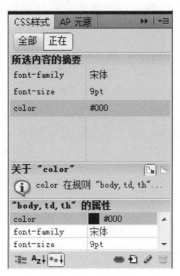

图1-19　浮动面板

2．了解网站开发流程

一个好的开发流程能够给设计者带来很大的帮助和有效指导。网站对于大部分人来讲并不陌生，那网站的设计及开发过程究竟是怎样的呢？下面我们主要讲述使用Dreamweaver CS4进行网站创作的具体流程，如图1-20所示。

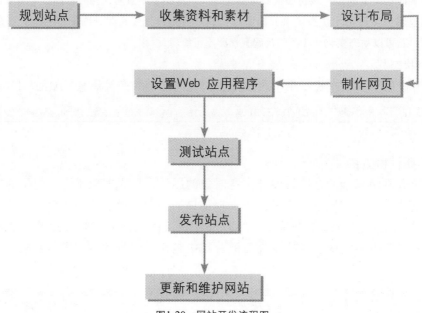

图1-20　网站开发流程图

（1）规划站点

站点的规划是开发网站的第一步，也是最关键的一步。规划站点即对网站的整体定位，其中，不仅要准备建设站点所需要的文字资料、图片信息、视频文件等，还要将这些素材整合，并确定站点的风格和规划站点的结构。总之，规划站点就是通过视觉效果来统一网站的风格和内容等。规划站点的目的在于明确所建站点的方向和采用的方法，在规划上应该从以下几个原则入手。

❖　确定网站的服务对象

只有确定了网站的服务对象，了解用户的兴趣、爱好，并且有针对性地开发，才能算作是有价值的网站。在确定服务对象后，还应考虑用户的计算机配置、浏览器版本以及是否需要安装插件等问题。

❖　确定网站的主题和内容

网站的主题要鲜明，重点要突出。对于不同的爱好者和需求者，应该有不同的定位。例如，要做一个图片网站，就要求开发者从多个方面着手，对浏览者的需求进行分类，如摄影图库、设计图库、矢量图库等，从而更好地实现用户的需求。

❖　把握网站结构

网站的总体结构要层次分明，尽量避免层次复杂，对于初学者来说，网站的结构最好选择树形结构，这种结构层次分明、内容突出。

❖　选择网站风格

网站风格应该根据主题和内容选择一种合适的风格类型，以求在内容上和形式上的完美结合，突出网站的个性，达到吸引人们注意力的目的。

（2）收集资料和素材

任何一种网站，无论是商业性质、娱乐性质，还是个人性质，在网站建设之初都应进行充分地调查和准备，即调查读者对网站的需求度和认可度，以及准备所需资料和素材。网站的资料和素材包括所需图片、动画、Logo的设计、框架规划、文字信息搜索等。网站素材的收集和整理是非常关键的一步。

（3）制作网页

当资料和素材准备好之后，用户就可以动手制作网站了，首先应将网站中的所有页面设计好。网站中的页面通称为网页，它是一个纯文本文件，是向浏览者传递信息的载体。网页以超文本和超媒体为技术，采用HTML、CSS、XML等多种语言对页面中的各种元素（如文字、图像、音乐等）进行描述，并通过客户端浏览器进行解析，从而向浏览者呈现网页的各种内容。因此，网站的建设实际上就是多个网页的嵌套。

（4）测试网站

网站的建设最终都会将其上传到服务器中，供他人浏览和使用。如何才能将所做的网站发布到WEB服务器中，在上传之前还需要做哪些准备呢？

在将网站上传到服务器之前非常重要的一步就是进行本地测试，以保证页面的浏览效果、网页链接以及页面下载与设计要求相吻合。另外，网站测试可以避免各种错误的产生，从而为网站的管理和维护提供方便。网站测试的内容包括如下几个方面。

✥ 功能测试。功能的测试是非常关键的，其主要依据为《需求规格说明书》及《详细设计说明书》。测试内容包括链接测试表单测试、Cookies测试、设计语言测试和数据库测试等。

✥ 性能测试。网站的性能测试主要从连接速度测试、负荷测试和压力测试三个方面进行。其中，连接速度测试即指打开网页的响应速度测试；负荷测试即指进行一些边界数据的测试；压力测试更像是恶意测试，它的倾向是致使整个系统崩溃。

✥ 可用性测试。可用性和易用性的测试只能通过手工测试的方法进行评判，其主要内容包括导航测试、图形测试、内容测试和整体界面测试。

✥ 兼容性测试。兼容性测试主要用于验证应用程序是否可以在用户使用的机器上运行。若网站的用户是面向全球的，则需要测试各种操作系统、浏览器、视频设置和 Modem 速度，以及各种设置的组合情况。

✥ 安全性测试。目前网络安全日益重要，特别是对于有交互信息的网站。Web应用系统的安全性测试主要包括目录设置、登录、日志文件、加密和安全漏洞等。

✥ 稳定性测试。网站的稳定性测试是指网站的运行中整个系统是否运行正常。目前，该项测试没有更好的测试方案，主要采用将服务器长时间运行的测试方法。

✥ 代码合法性测试。该测试主要包括程序代码合法性检查与显示代码合法性检查。

（5）发布网站

完成网站的创建和测试之后，就可以通过将文件上传到远程文件夹来发布该站点了。远程文件夹是存储文件的位置，这些文件用于测试、生产、协作和发布，具体取决于用户的环境。在Dreamweaver CS4中，利用文件面板可以很方便地实现文件的上传功能。

（6）更新和维护网站

网站的内容不是永久不变的，要想使网站保持活力，就必须经常对网站的内容进行更新和维护。网站的更新即指在不改变网站结构和页面形式的情况下，为网站的固定栏目增加或修改内容。例如，在儿童网站中，只要增加商品种类，就需要对商品的描述和报价进行增加和修改，这就是对网站内容进行更新。网站维护即指对网站运行状况进行监控，发现问题及时解决，并将其运行的实时信息进行统计。

网站的更新和维护主要包括以下几个方面。内容的更新、网站系统维护服务、企业网络的易用性和安全性维护等。

3．站点的建立

除了前面例子中讲的建立站点的方法，我们还可以利用【高级】选项卡直接定义站点的各个选项，利用这个方法可以省去逐步设置的步骤。在"使用向导搭建站点"步骤2中，单击【高级】选项卡，将站点设置切换到高级设置，就可以通过【高级】设置来创建站点了，如图1-21所示。

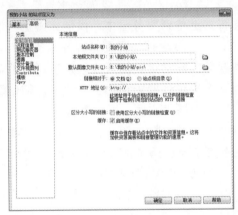

图1-21　【高级】选项卡

4．站点的管理

（1）编辑站点

对已经创建好的站点，用户可以利用站点管理器对其进行编辑和修改。下面以1.5.1中建立的站点为例来对操作步骤进行一个详细的介绍。

01 选择【站点】>【管理站点】命令，或者单击菜单栏中的【站点】按钮 品▼，选择【管理站点】命令，如图1-22所示。

02 打开如图1-23所示的【管理站点】界面，在左侧的站点列表框中，选择需要修改的站点，然后单击右侧工具栏中的【编辑】按钮。

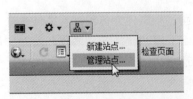

图1-22　选择命令

图1-23　管理站点界面

03 在弹出的【站点定义】对话框中单击【高级】选项卡,可以根据需要对"本地信息"进行设置,如图1-24所示。

04 在"远程信息"选项中,对远程信息进行各种设置,如图1-25所示。在"测试服务器"选项中选择服务器的模式等内容,如图1-26所示。编辑完成后单击【确定】按钮。

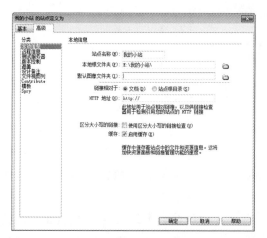

图1-24 设置本地信息

图1-25 设置远程信息

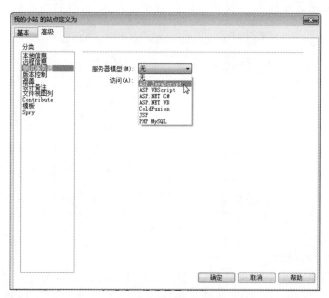

图1-26 设置测试服务器

(2)删除站点

对于已经建立的站点,如果短期内不再使用它,就可以将其删除。删除站点只是从Dreamweaver CS4的站点管理器中删除站点名称,其文件还保留在硬盘上。删除站点的具体操作如下:

选中要删除的站点名称,单击【删除】按钮。弹出提示窗口,如果用户确定删除该站点,单击【是】按钮,否则单击【否】按钮,如图1-27所示。

图1-27　删除站点

（3）复制站点

如果用户希望创建多个结构相同或相似的站点，可以利用站点管理器将已有站点复制为新站点，然后对新站点进行简单编辑即可，具体操作如下：

首先选择【站点】>【管理站点】命令，打开【管理站点】对话框。然后在站点列表中选中所要复制的站点，单击【复制】按钮，新复制的站点会立即显示在站点列表中，并以原来的站点名称后缀"复制"字样显示，如图1-28所示。

图1-28　复制站点

（4）导出和导入站点

在站点管理器中，选中站点并单击【导出】按钮可以将当前站点的设置导出成一个XML文件，以实现对站点设置的备份。单击【导入】按钮，则可以将备份过的XML文件重新导入站点管理器中。导入和导出站点可以实现Internet网络中各个计算机之间站点的移动，或者与其他用户共享站点的设置。

（5）打开站点

用Dreamweaver CS4编辑网页或者进行网站管理时，每次只能操作一个站点。选择【窗口】>【文件】命令，打开"文件"面板，在"文件"下拉列表框中选择已经创建好的站点，就可以将站点打开了，如图1-29所示。

图1-29　选择站点

（6）文件或文件夹的移动和复制

在"文件"面板中，选中要移动或复制的文件（文件夹），如果要执行移动操作，可以单击鼠标右键，从弹出的快捷菜单中选择【编辑】>【剪切】命令；如果要执行复制操作，则可以从快捷菜单中选择【编辑】>【拷贝】命令，然后打开目标的文件夹，选择【编辑】>【粘贴】选项，就可以将选中的文件或文件夹复制到相应的文件夹中。

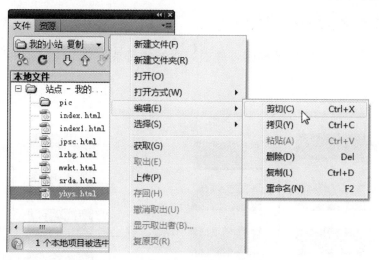

图1-30　移动文件

（7）删除文件或文件夹

从本地站点文件列表中删除文件的方法与移动和复制的操作步骤相同，首先选中要删除的文件或文件夹，然后选择【编辑】>【删除】命令，或者直接按【Delete】键，这时会弹出如图1-31所示的提示对话框，询问用户是否确认删除文件或文件夹，单击【是】按钮后，即可将文件或文件夹删除。

图1-31　删除文件

1.6　能力拓展

1.6.1　触类旁通——建立一个公司站点

01 根据客户需求，绘制出结构图，并做好网站的目录规划工作，如图1-32和图1-33所示。

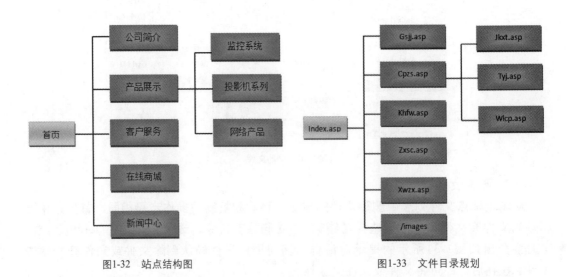

图1-32　站点结构图　　　　　图1-33　文件目录规划

02 选择【站点】>【新建站点】命令，打开定义站点向导，输入站点名称，单击【下一步】按钮，如图1-34所示。

03 选择要使用的服务器技术，这里选择ASP VBScript，单击【下一步】按钮，如图1-35所示。

图1-34 设置站点

图1-35 选择服务器技术

04 选择"在本地编辑，然后上传到远程测试服务器"单选按钮，并设置文件的位置。单击【下一步】按钮，如图1-36所示。

05 选择如何连接到测试服务器，这里选择"我将在以后完成此设置"选项，单击【下一步】按钮，如图1-37所示。

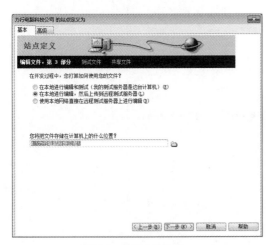

图1-36 设置文件位置

图1-37 选择如何连接到测试服务器

06 单击【完成】按钮，完成站点的建立，如图1-38所示。

07 根据前面所学的内容，完成站点文件的建立，其中，公司简介所链接的页面单独放置在了一个文件夹中，同时也为图像文件创建了一个文件夹"images"，如图1-39所示。

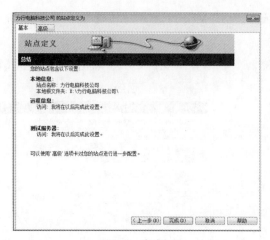

图1-38 完成向导

图1-39 完成站点文件的创建

08 为了方便从站点外复制图像，可以设置一个默认的文件夹。这样，当插入站点之外的图像文件时，该图像就会被复制到默认的图像文件夹中。然后，再次进入站点定义窗口，切换至高级面板，在"默认图像文件夹"后的文本框中输入图像的路径。单击【确定】按钮即可。

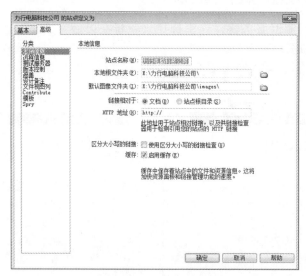

图1-40 设置默认图像文件夹

1.6.2 商业应用

　　无论是专业的网页设计师，还是网页制作新手，在建立网页之前都要先建立站点然后管理站点。Dreamweaver CS4继承了旧版本的所有功能，提供了强大的站点建立与管理功能。掌握利用各种方式建立网站的方法，将为我们今后的学习打下坚实的基础。随着动态网页技术的不断发展，以及用户要求的不断提高，越来越多的公司和企业创建了动态网站。如图1-41所示的TCL集团就是一个动态网站的例子。无论是静态网站还是动态网站，其建立的方法都基本相同，希望读者能够熟悉掌握其建立的方法。

图1-41 TCL集团网站

1.7 本章小结

本章例举了两个简单站点的建立方法。通过本章的学习，读者应该对Dreamweaver CS4的工作环境有一定的了解，能够掌握一些简单站点的建立方法和管理方法。希望读者在今后的学习中能够触类旁通、举一反三。

1.8 认证必备知识

单项选择题

（1）下列选项中，有关站点建立的叙述不正确的是＿＿＿＿＿＿＿＿＿。

　　A．可以先建立好文件和文件夹再建立站点

　　B．一定要先建立好站点，再建立站点里的文件和文件夹

　　C．一个站点必须要有一个首页

　　D．建立站点之前最好对站点的结构进行规划

（2）下列选项中，有关站点管理的叙述正确的是＿＿＿＿＿＿＿＿＿。

　　A．站点建立好之后便不能进行修改

　　B．删除站点后，对应的文件也会跟着被移至回收站

　　C．复制站点命令，可以生成一个和原站点内容相同的站点

　　D．站点的名称一旦确定就不能更改

多项选择题

（1）可以通过以下＿＿＿＿＿＿方法建立一个网站。

A．选择【站点】>【新建站点】命令

B．单击站点按钮 品 ▾，选择新建站点命令

C．在管理站点窗口，单击【新建】按钮

D．选择【文件】>【新建站点】命令

（2）测试网站时，以下＿＿＿＿＿＿是要测试的内容。

A．兼容性测试   B．稳定性测试

C．可用性测试   D．安全性测试

判断题

（1）删除一个网页时，网页中图片文件的源文件也会被删除。＿＿＿＿

A．正确   B．错误

（2）在建立网站以及制作网页之前，应该先对网站的结构及风格等进行一个完整的规划。＿＿＿＿

A．正确   B．错误

第2章 网页基本元素的插入与编辑

2.1 任务题目

通过建立第一个网页，了解网页基本元素的构成，掌握网页元素的插入及设置，并能够在网页制作中灵活应用这些元素。

2.2 任务导入

网页最基本的元素是文本和图像，几乎所有的网页都是由文本和图像经过精心编排而成的。制作精美、设计合理的文本和图像不仅能够增强网页的丰富性和观赏性，而且可以提高浏览者浏览网页的兴趣。因此，正确和恰当地处理文本和图像等网页基本元素是网页设计者必备的基本技能之一。本章将通过文本、图像及其相关元素的插入与设置，对网页的基本元素进行介绍，使读者更好地了解网页的基本元素，以便在网页的制作过程中灵活运用。

2.3 任务分析

1．目的

了解网页的基本元素构成，熟练掌握基本元素插入与设置的方法，以及网页特殊元素的相关知识。

2．重点

（1）在网页中插入文本。

（2）在网页中插入图像。

（3）文本及图像属性的设置。

3．难点

（1）鼠标经过图像的制作。

（2）利用表格排版的过程。

2.4 技能目标

（1）掌握文本、图像等网页元素的插入与设置方法。

（2）能够灵活运用网页中的元素进行网页制作。

2.5 任务讲析

2.5.1 实例演练——制作第一个网页

01 运行Dreamweaver CS4，根据第1章学习的方法，新建一个站点和一个主页文件 index.html，并将index.html文件打开，在"标题"文本框中输入"欢迎光临我的网站！"，如图2-1所示。

图2-1　设置标题

02 单击【页面属性】按钮 [页面属性...]，打开【页面属性】对话框，在左侧的"分类"列表框中选择"外观（CSS）"选项，设置字体大小为"9"pt；上、下、左、右边距均设为"0"；文本颜色设置为"#006"；背景颜色设置为"#EDF3EF"，如图2-2所示。

> **小知识：页面属性**
>
> 打开"页面属性"的方法还有两种：一种是按【Ctrl+J】组合键；另一种是选择菜单栏中的【修改】>【页面属性】命令。如果没有特殊要求，网页的各个页边距都应该设置为"0"或者"1"，这样有利于进行页面的布局，使得网页做出来更加美观。

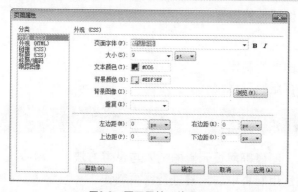

图2-2　页面属性（外观）

03 选择"链接（CSS）"选项，设置链接字体大小为"9"pt；链接颜色为"#006"；已访问链接颜色为"#66cccc"；活动链接颜色为"#0FC"；下划线样式为"始终无下划线"，单击【确定】按钮返回设计界面，如图2-3所示。

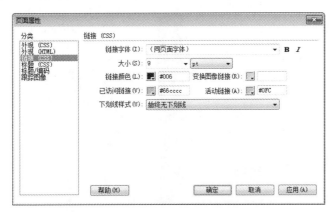

图2-3 设置链接属性

04 选择【格式】>【对齐】>【居中对齐】命令，设置当前页面的对齐方式为居中对齐，如图2-4所示。

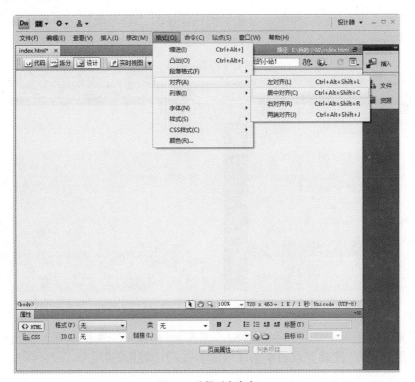

图2-4 选择对齐命令

05 选择【插入】>【表格】命令，如图2-5所示，弹出【表格】对话框，设置表格行数为"4"、列数为"1"、宽度为"778"像素。边框粗细、单元格边距、单元格间距均设为"0"，其他值默认，如图2-6所示。设置完成后单击【确定】按钮。

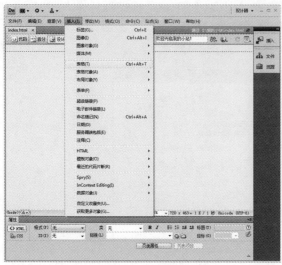

图2-5 选择插入表格命令

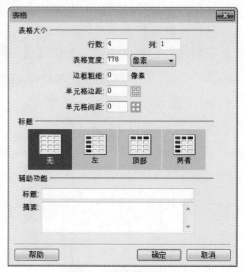

图2-6 设置表格属性

06 将光标定位在第1个单元格中，在"属性"面板中设置其高度为"25"像素，背景颜色为"#006A6A"，如图2-7所示。

07 将光标定位在第2个单元格中，设置单元格高度为"25"像素，水平、垂直对齐方式均为居中对齐，如图2-8所示。

图2-7 设置背景

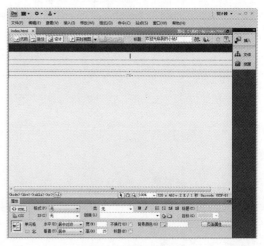

图2-8 设置单元格属性

08 在该单元格中插入一个1行3列的表格，宽度为740像素，表格边框、单元格间距和单元格边距均为0，设置完成后单击【确定】按钮，如图2-9所示。

09 在"属性"面板中，设置第1个单元格的宽度为"18"像素，高度为"20"像素；第2个单元格宽度设为"248"像素且水平居中对齐；第3个单元格设置其背景色为白色"#ffffff"且水平居中对齐，如图2-10所示。

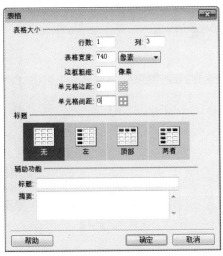

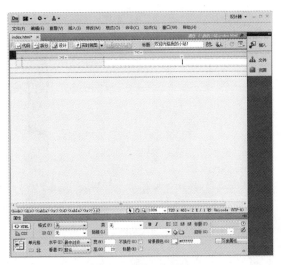

图2-9 设置表格属性

图2-10 设置单元格属性

⑩ 在网页如图位置处输入"您现在的位置：首页"，后面依次输入"首页"、"私人资料"等6个导航文本，中间用"|"隔开，如图2-11所示。

⑪ 选择导航栏中的"首页"文本，在"属性"面板的"链接"下拉列表框中输入"index.html"或者单击后面的【浏览】按钮选择链接文件，并依次为其他导航文本添加链接。（这里除"首页"外，其他文本暂时设为空链接，即#），如图2-12所示。

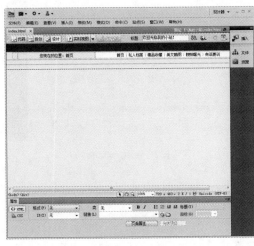

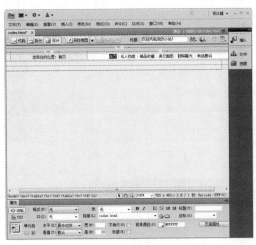

图2-11 输入文本

图2-12 建立链接

⑫ 将鼠标定位在如图所示的单元格中，设置其背景颜色为白色，高度为330像素。并在其中插入一个1行5列，宽度为760像素的表格，边框粗细、单元格边距及间距都设为0，如图2-13所示。

⑬ 在"属性"面板中将该表格各列的宽度从左到右依次设为100像素、300像素、40像素、300像素和20像素，如图2-14所示。

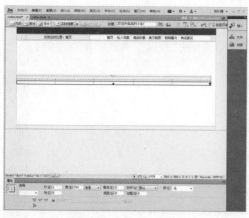

图2-13　插入表格

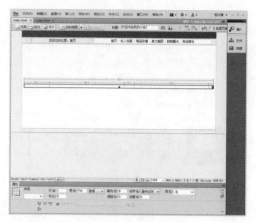

图2-14　设置列宽

⑭ 将光标定位在第2个单元格中，在此再插入一个8行1列的表格，宽度为100%，单元格间距为2像素，并设置每个单元格高度均为30像素，如图2-15所示。

⑮ 在表格中输入相应的内容，按住鼠标左键依次选中第2到8个单元格，单击"属性"面板中的【项目符号】≣按钮，添加一个项目符号，如图2-16所示。

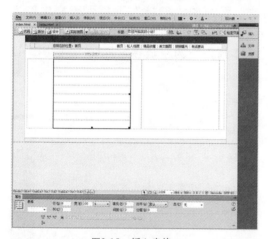

图2-15　插入表格

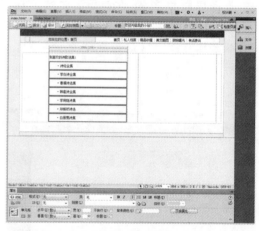

图2-16　输入文本

🌀 小知识：布局页面

　　一个好的网页，其布局的位置都是非常精确的，设计者应该从一开始就养成良好的计算习惯，而不是盲目进行排版，特别是要养成提前规划和利用表格定位页面元素的习惯。

⑯ 将光标定位在要插入图像的单元格，单击"常用"工具栏中的【图像】⊡按钮，选择要插入的图像，并在"属性"面板中设置其宽度为300像素，高度为280像素，在"边框"文本框中输入1，如图2-17所示。

⑰ 将光标定位在最后一个单元格中，输入版权信息等内容，如图2-18所示。至此，一个简单的网页就制作完成了。单击 拆分 按钮，可以同时看到设计界面和代码部分，如图2-19所示。

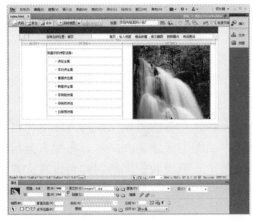

图2-17 插入图像

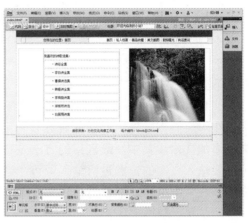

图2-18 版权信息

⑱ 按【Ctrl+S】组合键保存文件，按【F12】快捷键预览网页，效果如图2-20所示。

图2-19 代码

图2-20 预览网页

小知识：历史记录

在编辑网页的过程中，"历史记录"面板会在后台记录用户的操作过程，以便在出现错误操作时恢复，默认保存最近的50步操作。用户可以通过【Ctrl+Z】组合键将错误操作恢复。另外还可以通过菜单栏中的【编辑】菜单，从它的下拉菜单中选择相应的恢复命令。

2.5.2 基础知识解析

1. 在网页中插入文本

文本是网页信息的重要载体，也是网页中必不可少的内容。它的格式设计是否合理将直接影响到网页的美观程度。在Dreamweaver CS4中，插入文本的方法有以下两种：

✤ 直接在Dreamweaver中输入文本。

✤ 从外部文件中导入文本。

下面将对这两种方法进行介绍。

（1）在Dreamweaver中输入并设置文本

在网页制作过程中，设计者可以利用Dreamweaver CS4的可视化工具方便地为当前文档添加文本。其中，最直接的方法是在"设计"视图下直接输入文本，只要将光标定位在要输入文本的位置进行输入即可，这里不再赘述。下面我们来学习如何设置文本的格式，在网页中的文本分为标题和段落两种格式。

①设置标题格式

标题主要用于强调段落要表现的内容。HTML中定义了6级标题，从1～6级，每级标题的字体大小依次递减。在设置标题属性时，主要是设置对齐属性，其中包括"左对齐"、"右对齐"、"两端对齐"和"居中对齐"4种方式。

01 打开一个网页文档，如图2-21所示。将光标定位在文本标题处，再单击"文本"属性面板中的"格式"下拉列表，选择"标题3"选项，如图2-22所示。这样就可以将文本定义为标题样式。

图2-21　打开网页文档

图2-22　应用"标题3"格式

02 选择【窗口】>【CSS样式】命令，打开"CSS样式"面板，单击该面板底部的【新建CSS规则】按钮，打开【新建CSS规则】对话框，在"选择器类型"下拉列表中选择"标签（重新定义HTML元素）"选项，在"选择器名称"下拉列表中选择"h3"，将"规则定义"设置为"仅限该文档"，设置完成后，单击【确定】按钮，如图2-23所示。

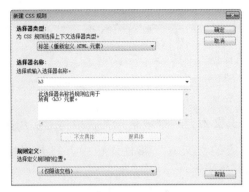

图2-23　新建CSS规则

03 弹出【h3的CSS规则定义】对话框，设置"Font-size"为"16"pt，"Color"为"#00F"，然后单击【确定】按钮，如图2-24所示。

图2-24　h3的CSS规则定义

04 此时，网页文档中的标题格式已经改变了，效果如图2-25所示。

图2-25　重新设置标题格式

> **提示**
>
> 关于CSS样式的知识详见本书第4章。

②设置段落格式

段落格式就是设置所选文本为一个段落，并在段落上应用排版的一种方法。

01 选中文本段落，在对应的"文本"属性面板中，打开"格式"下拉列表框并选择"段落"选项，如图2-26所示。

图2-26 应用"段落"格式

02 选择该选项后，则将插入点所在的文字块定义为普通段落，其两端分别被添加<p>和</p>标记，如图2-27所示。

图2-27 段落代码显示

在Dreamweaver CS4中，用户输入一些文本后，按【Enter】键，Dreamweaver CS4会自动将其设置为一个段落，光标自动换行。如果在输入文本的过程中，用户没有按【Enter】键，则可以选择一段文本，并从"格式"下拉列表中选择"段落"选项，同样可以起到按【Enter】键的作用。如果按【Enter】键创建了一个新的段落，则段落与段落之间会插入一个空行，段落与段落之间的间距比较大，可能会影响页面的美观。若要避免段落与段落之间的间距过大的问题，可以通过强制换行的方法来解决。选择【插入】>【HTML】>【特殊字符】>【换行符】命令，或者通过【Shift+Enter】组合键可强制换行。

通过强制换行方法得到的上下两个段落实际上并不是两个段落，而是一个段落，因此，上下行之间会受同一段落格式的影响。

（2）从外部导入文本

在Dreamweaver CS4中，可以导入的文件文档类型有很多，其中包括XML到模板、表格式数据、Word文档和Excel文档。

①利用【文件】菜单导入文本

01 在Preamweaver CS4中，选择【文件】>【导入】>【Word文档】命令，如图2-28所示。

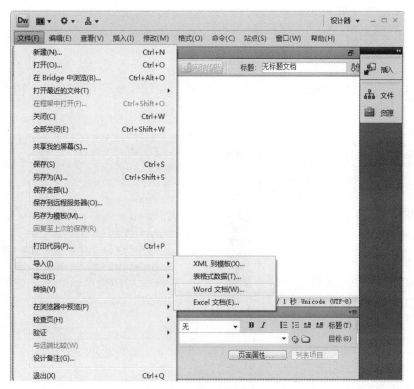

图2-28 执行菜单命令

02 在打开的【导入Word文档】对话框中，选择导入的文件，然后单击【打开】按钮，如图2-29所示。导入文档的效果，如图2-30所示。

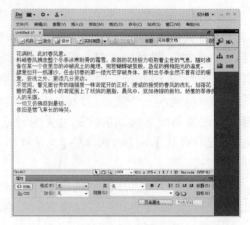

图2-29　导入Word文档　　　　　　　　　　图2-30　导入文档效果

小知识：导入文本

　　在选择导入的文件时，不但可以选择文档的类型，而且可以对导入的格式进行设置，如文本格式、段落格式等。

　　②通过拖动方式导入文本

01　打开要导入文本"花满树"所在的文件夹，并将其拖动到Dreamweaver CS4的工作区，如图2-31所示。

02　弹出【插入文档】对话框，在"您想如何插入文档"选项组中选择一种方式，如图2-32所示，然后单击【确定】按钮即可导入文档。

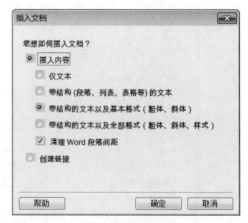

图2-31　拖入文本　　　　　　　　　　图2-32　【插入文档】对话框

2．设置网页中的文本属性

　　在Dreamweaver CS4中，插入文本的方法比较简单，但是要想使文本内容真正与页面背景、图片、Flash动画等其他元素协调一致，使整个页面看起来浑然天成，则必须对文本内容进行后期的修改和修饰。

（1）使用属性检查器设置文本CSS属性

对于文档中的文本，可以使用CSS（层叠样式表）格式设置其属性，该格式可以新建CSS样式或将现存的样式应用于所选文本。在Dreamweaver CS4中，CSS属性检查器如图2-33所示。

图2-33　CSS属性检查器

01 打开一个网页，选中要设置的文本，在"属性"面板中，单击【CSS】按钮，打开"字体"下拉列表，设置字体格式，如图2-34所示。

图2-34　设置字体格式

02 在弹出的【新建CSS规则】对话框中将选择器命名为"biaoti"，如图2-35所示，然后单击【确定】按钮返回页面。

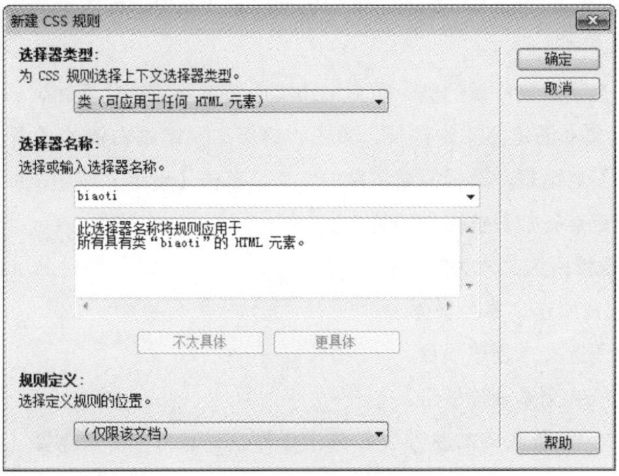

图2-35　新建CSS规则

03 在"属性"面板中的"目标规则"文本框中，显示出刚才命名的".biaoti"。然后在"属性"面板中设置其颜色为"#60F"，字号为"24 px"，这样就设置好了一个CSS格式，如图2-36所示。

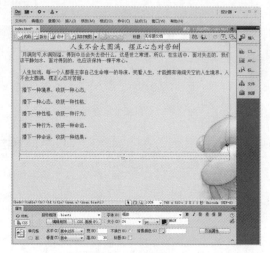

图2-36　属性设置

（2）使用属性检查器设置文本HTML属性

HTML格式用于设置文本的字体、大小、颜色、边距等，因此，文档中的文本可以通过HTML格式设置其属性。在Dreamweaver CS4中，HTML属性检查器如图2-37所示。

图2-37　HTML属性检查器

✤ 格式：设置所选文本段落样式。"段落"选项表示为所选择的文本添加<p>标签，"标题1"表示为所选文本添加<H1>标签，其他的选项与此类似。

✤ ID：标识字段。

✤ 类：显示当前选定对象所属的类、重命名该类或链接外部样式表。

✤ 链接：为所选文本创建超文本链接。单击"链接"文本框右侧的【浏览文件】按钮，打开【选择文件】对话框，选择需要链接的文件，单击【确定】按钮，即可建立链接。

✤ 目标：用于指定准备加载链接文档的方式。

✤ B（粗体）：设置所选文本为粗体。

✤ I（斜体）：设置所选文本为斜体。

✤ 列表项目：为所选文本创建项目。

✤ 编号列表：为所选文本创建编号。

✤ 文本凸出/缩进：将所选文本进行凸出/缩进操作。有时为了排版需要，需要缩进段落和凸出段落。

3．图像的插入与编辑

图像在网页中能够起到画龙点睛的作用，在文档的适当位置上放置一些图像，比单纯使用文字更具有说服力，同时更能起到美化页面的效果。

（1）插入图像

01 将光标定位在需要插入图像的位置，选择【插入】>【图像】命令，如图2-38所示。

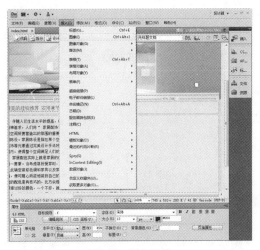

图2-38　插入图像

02 在弹出的【选择图像源文件】对话框中，选择要插入的图像，单击【确定】按钮，弹出【图像标签辅助功能属性】对话框，直接单击【确定】按钮即可，如图2-39、图2-40所示。

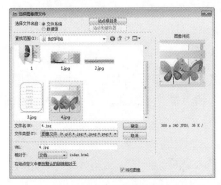

图2-39　选择图像源文件

图2-40　【图像标签辅助功能属性】对话框

小知识：图像标签辅助功能属性

替换文本：输入用以描述图像的名称或说明，该文本最长为50个字符。

详细说明：创建一个描述该图像文件的链接。

"取消"按钮：若单击"取消"按钮，插入的图像只显示在当前文档中，不会与辅助功能标签或属性联系起来。

03 插入图片的效果如图2-41所示。

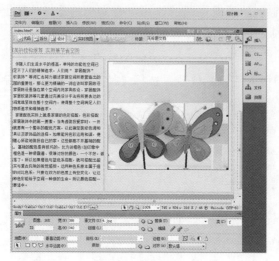

图2-41　显示图像

（2）设置图像的属性

在网页中插入图像后，为了使图像文件符合网页的实际需要，并与文字等其他页面元素协调一致，因此，对图像进行编辑是必要的，如调整图像大小、改变图像位置、设置对齐方式、添加边框以及编辑图像等。如图2-42所示为图像的"属性"面板。

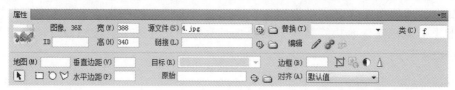

图2-42　图像属性面板

①调整图像大小

选中图像，然后用鼠标拖动出现的三个控制点之一，即可调整图像大小，如图2-43所示。另外，用户也可以在"属性"面板的"宽"和"高"文本框中直接输入数值来设置图像大小。

图2-43　调整图像大小

②改变图像位置

图像一般用表格来控制，若需要改变图像的位置，可以先选中图像，利用【剪切】和【粘贴】命令来实现，也可以在选中图像后直接拖动图像到目标位置。

③图像对齐方式

与文本类似，设置图像的对齐方式也是网页排版的重要工作之一。其中，"对齐"下拉列表中各对齐方式的含义如下：

❖ 默认值：浏览器默认的对齐方式，大多数浏览器使用基线对齐作为默认对齐方式。

❖ 基线：图像底部与文本或者同一段落中其他对象的基线对齐。

❖ 顶端：图像顶端与当前行最高对象的顶端对齐。

❖ 居中：图像中间与当前行的基线对齐。

❖ 底部：图像底部与当前行最低对象的底部对齐。

❖ 文本上方：图像顶端与当前行中的最高字母对齐。

❖ 绝对居中：图像中间与当前行中的文本或对象的中间对齐。

❖ 绝对底部：图像的底部与当前行中字母（如j、q、y等）的下部对齐。

❖ 左对齐：图像与浏览器或表格中单元格的左边对齐，当前行中的所有文本移动到图像的右边。

❖ 右对齐：图像与浏览器或表格中单元格的右边对齐，当前行中的所有文本移动到图像的左边。

④添加边框

Dreamweaver允许设计者为图像添加一个单色的矩形边框，边框的宽度以"像素"为单位，默认颜色是黑色。在图像"属性"面板中的"边框"文本框中输入数值，可以为图像添加边框。如果在该文本框中输入数值0或者不输入任何值，将不产生边框。如图2-44和图2-45所示为添加的边框，并设置其值分别为"1"和"3"。

图2-44 边框值为1

图2-45 边框值为3

⑤编辑图像

在Dreamweaver CS4中，用户可以对图像进行编辑，包括裁剪大小、重新取样、设置亮度和对比度及锐化图像等，这些都可以通过"属性"面板完成，操作也非常简单，这里不再赘述。

（3）插入其他与图像相关的元素

在"插入"面板的"常用"类别中，单击【图像】按钮右侧的小三角，弹出一个快捷菜单，该菜单包含一些跟图像相关的元素，如图2-46所示。

图2-46　快捷菜单

①图像占位符

为方便版面设计的需要，可以使用"图像占位符"，在图像没有处理好之前，先为图像预留指定大小的空间。【图像占位符】对话框，如图2-47所示，其中各选项介绍如下：

图2-47　图像占位符

❖ 名称：一段以字母开头的文本，并且只能包含字母和数字，用于标识图像占位符。

❖ 宽度和高度：设置待插入图像的宽度和高度，单位是像素。

❖ 颜色：设置文档中占位符的显示颜色。

❖ 替换文本：通过输入一段文本来表述该图像占位符的简要说明或名称。

②鼠标经过图像

鼠标经过图像由两个图像文件构成，一个是主图像，就是页面首次载入时显示的图像，而另一个是次图像，就是当鼠标指针经过主图像时显示的图像。通常情况下，这两个图像文件的大小应该大小相等。如果这两个图像文件的大小不同，Dreamweaver CS4会自动调整次图像，使其符合主图像的尺寸。【插入鼠标经过图像】对话框，如图2-48所示。

图2-48　插入鼠标经过图像

单击"原始图像"和"鼠标经过图像"后面的【浏览】按钮，可分别选择这两个状态的图像，还可以在"替换文本"中，输入相关文本信息，若选中"预载鼠标经过图像"复选框，则网页一打开即预下载鼠标经过图像到本地，这样，当移动鼠标到滚动图像上时，能迅速切换。若取消对该复选框的选择，则只有当移动鼠标到滚动图像上时才下载替换图像，在替换过程中可能会发生鼠标不连贯的情况。在"按下时，前往的URL"后单击【浏览】按钮，选择链接的页面或直接输入链接的网页地址。

③导航条

导航条通常由一系列栏目组成，并且一个网页中只有一个导航条。使用这些导航条可以使用户很快地访问各个导航栏目，这些图片一般都具有互动效果，会随着鼠标的滑过、按下等操作的变化在几种不同的状态之间进行变换。【插入导航条】对话框，如图2-49所示。

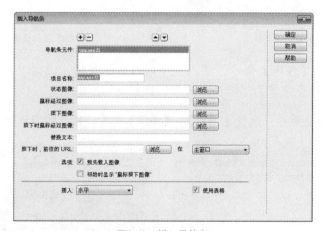

图2-49　插入导航条

导航栏和鼠标经过图像的效果十分相似，设置方法也大体相同。但是，鼠标经过图像只有两种状态，而导航栏却有4种状态，分别为"状态图像"、"鼠标经过图像"、"按下图像"和"按下时鼠标经过图像"。

除了文本和图像之外，Dreamweaver CS4中还允许插入水平线、日期、特殊字符以及注释等特殊元素。读者们可以自己尝试操作一下。

2.6 能力拓展

2.6.1 触类旁通——制作公司网站首页

01 新建一个"企业网"站点，然后新建index.html文件，双击该文件打开其编辑窗口，如图2-50所示。

02 单击"属性"面板中的【页面属性】按钮，打开【页面属性】对话框，设置文本的大小为9 pt，颜色为"#006"，然后设置"上边距"和"下边距"均为0 px，如图2-51所示，设置完成后单击【确定】按钮。

图2-50　新建站点文件

图2-51　设置页面属性

03 选择【插入】>【表格】命令，插入一个1行1列的表格，设置"表格宽度"为800像素，并设置其对齐方式为"居中对齐"，如图2-52所示。

04 将光标定位在该表格中，选择【插入】>【图像】命令，插入图像素材，如图2-53所示。

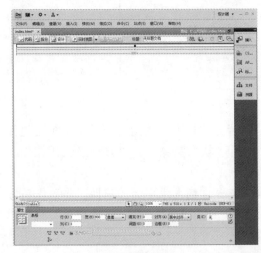

图2-52　插入表格

图2-53　插入图像

05 插入一个1行1列的表格，设置"表格宽度"为804像素，间距为2像素，对齐方式为"居中对齐"，如图2-54所示。

06 在该表格内嵌套一个1行2列的表格，并调整单元格的列宽，如图2-55所示。

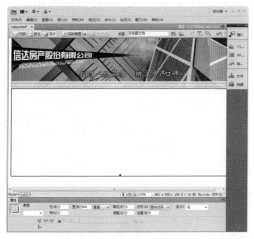

图2-54 插入表格　　　　图2-55 嵌套表格

07 选中左侧单元格，打开"快速标签编辑器"，添加设置单元格背景的代码为"background="images/inner.jpg""，如图2-56所示。

08 在如图2-57所示的位置处插入一个8行1列的表格，"表格宽度"为80%，并设置其水平方式和垂直对齐方式均为居中。

图2-56 设置背景　　　　图2-57 插入表格

09 将光标定位在第一个单元格，选择【插入】>【图像对象】>【鼠标经过图像】命令，如图2-58所示。

10 打开【插入鼠标经过图像】对话框，设置"原始图像"和"鼠标经过图像"，设置完成后单击【确定】按钮，如图2-59所示。

图2-58　执行菜单命令

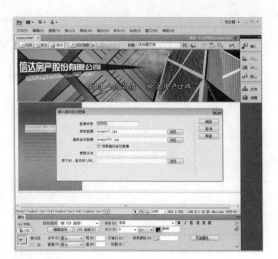

图2-59　参数设置

⑪ 此时，第一个鼠标经过图像设置完成，如图2-60所示。

⑫ 依照同样的制作方法，完成其他几个鼠标经过图像的设置，如图2-61所示。

图2-60　第一个设置完成

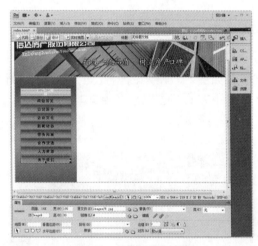

图2-61　其他鼠标经过图像

⑬ 在如图2-62所示的位置处插入一个3行1列的表格，设置表格宽度为98%，并设置其水平对齐方式为居中。

⑭ 将光标定位在第一个单元格，在"属性"面板中设置第一个单元格的高为25，并输入文本内容，如图2-63所示。

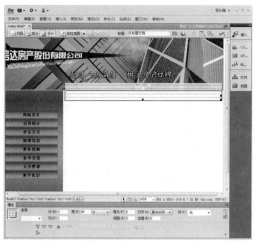

图2-62 插入表格

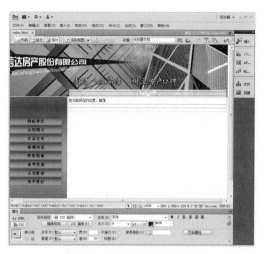

图2-63 设置单元格并输入文本

⑮ 将光标定位在第二个单元格中，设置行高为20，在"插入"面板的"常用"类别中选择"水平线"命令，如图2-64所示。

⑯ 在如图2-65所示的位置处插入一条水平线，选中该水平线，在其"属性"面板中设置水平线高为1。

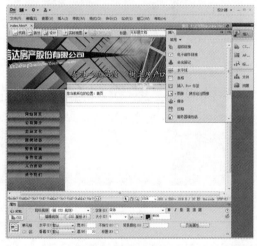

图2-64 插入水平线

图2-65 设置水平线属性

⑰ 在水平线下方的单元格中输入文本内容，如图2-66所示。

⑱ 在网页最下方插入一个1行1列的表格，在"属性"面板中设置行高为50，背景颜色为"#2182D1"，如图2-67所示。

图2-66　输入文本　　　　　　　　　　　　　图2-67　插入表格

⑲ 制作版权信息，输入文本内容，如图2-68所示。

⑳ 保存文件，按【F12】快捷键预览网页，效果如图2-69所示。

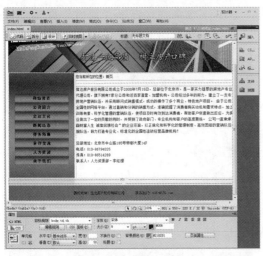

图2-68　输入版权信息　　　　　　　　　　　图2-69　预览网页

2.6.2　商业应用

　　人们通常用图文并茂来形容文档的美观程度，网页同样需要图文并茂。文本是网页的基本组成部分，人们通过网页了解的信息大部分是从文本对象中获得的。只有将文本内容处理好，才能使网页更加美观易读。在文档的适当位置上放置一些图像，会让文档更具有吸引力，使访问者在浏览时赏心悦目，激发访问者浏览的兴趣。如图2-70所示为太平洋汽车网，它就是一个图文并茂的网页，页面整体美观大方。

图2-70　太平洋汽车网

2.7　本章小结

本章通过制作个人主页与公司首页，向读者介绍了网页的基本元素（文本与图像）。通过本章的学习，读者应了解网页基本元素的大致情况，掌握在网页中插入文本、图像等方法，并且能熟练掌握文本和对象的属性设置方法。希望读者在制作网页的过程中能够灵活运用这些元素。

2.8　认证必备知识

单项选择题

（1）在Dreamweaver CS4中，＿＿＿＿＿＿＿＿＿步骤无法通过历史面板或【Ctrl+Z】键撤销。

　　A．在建立的文档窗口中输入文字

　　B．在建立的文档窗口中输入图像

　　C．在建立的文档窗口中插入超链接

　　D．在新建一个网页文件

（2）调整图像属性时，按下_____键拖动图像右下方的控制点，可以按比例调整图像大小。

    A.【Shift】   B.【Ctrl】   C.【Alt】   D.【Shift+Alt】

多项选择题

（1）在表格单元格中可以插入的对象有_____。

    A．文本   B．图像   C．Flash动画   D．Java程序插件

（2）下列可以在网页中使用的图片格式有_____。

    A．JPG   B．GIF   C．PNG   D．PICT

（3）可以通过以下_____方法在网页中插入文本内容。

    A．从Word中复制，在Dreamweaver中粘贴

    B．从Word文件中直接导入

    C．从Excel文件中直接导入

    D．从Photoshop文件中直接导入

判断题

（1）设置图像属性时，单击属性面板上的W值和H值之间的环形箭头，Dreamweaver会保持图像的纵横比例。_____

    A．正确   B．错误

（2）在Dreamweaver中可以导入外部的数据文件，还可以将网页中的数据表格导出为纯文本的数据文件。_____

    A．正确   B．错误

第 3 章　超链接的应用

3.1　任务题目

为一个网页创建超链接，了解超链接的类型，掌握各种超链接的创建方法，并懂得如何在网页中管理和测试超链接。

3.2　任务导入

超链接是构成网站最重要的部分之一。网站由若干网页组成，这些网页之间就是通过超级链接的方式联系起来的。在Dreamweaver CS4中，利用超链接不仅可以进行网页之间的相互链接，还可以使网页链接到相关的图像文件、多媒体文件及下载程序等。本章将介绍各种超链接的创建方法，以及介绍超链接的实际应用。

3.3　任务分析

1．目的

了解超链接的概念、类型和链接路径，熟练掌握各种类型链接的创建方法，以及管理超链接的相关知识。

2．重点

（1）超链接的类型。

（2）各种类型超链接的创建方法。

（3）管理、测试超链接。

3．难点

（1）超链接的创建方法。

（2）管理超链接。

3.4　技能目标

（1）掌握各种类型超链接的创建方法。

（2）能够为网页中的不同元素创建超链接。

3.5 任务讲析

3.5.1 实例演练——为公司网页创建超链接

01 运行Dreamweaver CS4，打开"素材\第3章\初始文件\公司网页\index.html"文件，如图3-1所示。

02 选择需要添加超链接的文本（这里选中"网站首页"），单击【属性】面板中"链接"下拉列表框后的【浏览文件】□按钮，如图3-2所示。

图3-1　打开网页素材

图3-2　为"首页"设置链接

03 在【选择文件】对话框中选择要链接的文件，如图3-3所示，单击【确定】按钮。

图3-3　选择文件

04 被链接的文本颜色发生了变化，以同样的方法设置其他文本的链接，如图3-4所示。

小知识：添加链接的方法

用户还可以通过以下5种方式为文字添加超链接：

①在"链接"下拉列表框中输入网址名称，如"index.html"。

②选中文本，单击鼠标右键，在弹出的快捷菜单中选择【创建链接】选项，然后在弹出的对话框中进行设置。

③选中文本，选择【插入】>【超级链接】命令，在弹出的对话框中进行设置。

④在插入栏中选择【常用】分类按钮，并单击【超级链接】按钮，在打开的窗口中进行设置。

⑤在"属性"面板中使用【指向文件】按钮。

05 下面为图像添加链接，在网页中选择一幅图像，如图3-5所示的公司图像。在"属性"面板中的"链接"文本框中输入要链接的地址，这里输入"jianjie.html"。

图3-4　文本链接完成效果

图3-5　设置图像链接

06 当超链接设置完成后，单击【实时视图】按钮，鼠标指针指向此图像时，鼠标指针就会变成小手状，如图3-6所示。在浏览状态下单击该图像，则跳转到相应的链接地址。

07 下面设置图像热点链接。如图3-7所示的图像为公司的业务分布，各个分布点均需要链接。选中该图像，在"属性"面板中单击【圆形热点工具】按钮，然后在如图3-8所示的位置处拖动一个圆形热区。

图3-6　实时视图

图3-7　选中图像

🌀 **小知识：热点工具**

在Dreamweaver中，热点工具分为矩形热点工具、圆形热点工具和多边形热点工具三种，用户可根据需要选择适当的热点工具绘制热区。

08 选择图像中的热区，在"属性"面板中的"链接"文本框中输入要链接的文件，在"目标"文本框中选择"_blank"选项，如图3-9所示。

图3-8　圆形热区

图3-9　设置热点属性

小知识：目标窗口

目标窗口可设置为"_parent"、"_blank"、"_self"、"_top"。各选项含义如下：

_blank：在新的未命名的浏览器窗口中打开链接的文件。

_parent：在上一层页框或包含链接的页框的上一层窗口中打开链接的文件，如果包含链接的页框不是嵌套的，则会在完整的浏览器窗口中打开链接的文件。

_self：在与链接所在的同一个页框或窗口中打开链接的文件，此为系统默认设置。

_top：会在完整的浏览器窗口中打开链接的文件，同时删除所有页框。

09 预览网页，鼠标指针指向此"天津"时，鼠标指针就会变成小手状，如图3-10所示。在浏览状态下单击此处，则跳转到相应的链接地址。依照此方法制作其他图像热点链接，这里就不再一一创建了。

10 建立电子邮件链接。在网页中选择要创建邮件链接的邮件地址文本，选择"插入"面板"常用"类别中的【电子邮件链接】选项，如图3-11所示。

图3-10 预览网页

图3-11 选择电子邮件链接对象

11 弹出【电子邮件链接】对话框，如图3-12所示，单击【确定】按钮。如果步骤10中没有选择邮件地址文本，而只将光标定位，则此处可以在文本框处输入文本。

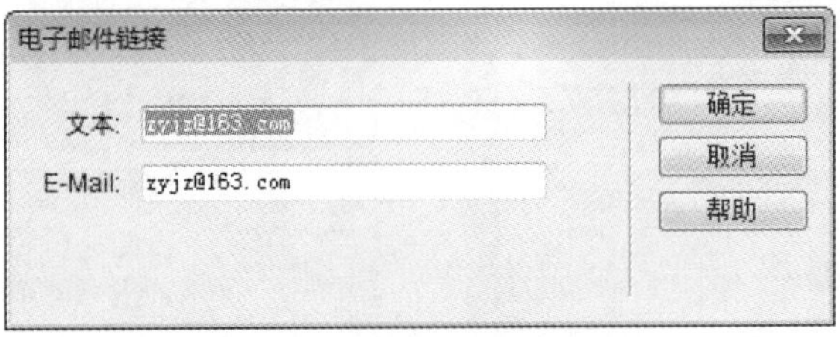

图3-12 【电子邮件链接】对话框

⑫ 在"属性"面板中的"链接"下拉列表框中自动添加了电子邮件地址,如图3-13所示。预览文件,单击该电子邮件链接,就会打开收件人为zyjz@163.com的"新邮件"窗口。

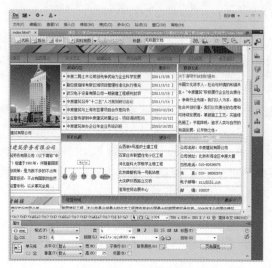

图3-13　电子邮件链接

小知识:热点工具

　　用户也可以在"属性"面板中的"链接"下拉列表框中输入电子邮箱地址,创建超链接。如输入"mailto: zyjz@163.com"。

⑬ 建立空链接和脚本链接。选中如图3-14所示的文本,在"属性"面板的"链接"文本框中输入"#",即为该文本创建了空链接。创建空链接的文本颜色发生了改变,如图3-15所示。

图3-14　选择文本

图3-15　创建空链接

小知识：空链接

另外，在"属性"面板的"链接"文本框中输入"javascript:;"，也可以创建空链接。

⑭ 选择文本对象，在"属性"面板中的"链接"下拉列表框中输入"javascript:alert("欢迎光临信达建筑股份有限公司！");"，如图3-16所示。

⑮ 保存文件，预览网页，单击设置的文本，弹出如图3-17所示的提示窗口。

小知识：脚本链接

在文本下拉列表框中输入"JavaScript:"，其后紧跟着输入相应的JavaScript代码或函数调用。另外，在输入的JavaScript代码中，冒号和代码之间不能有空格。

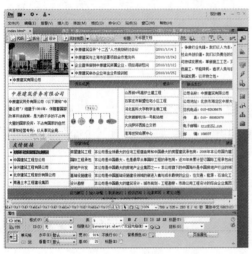

图3-16 输入脚本

图3-17 提示信息

3.5.2 基础知识解析

1. 超链接概述

网站是由若干网页组成，这些网页之间通过超链接的方式联系起来的。在Dreamweaver CS4中，利用超链接不仅可以进行网页之间的相互链接，还可以使网页链接到相关的图像文件、多媒体文件及下载程序等。

（1）超链接的概念

所谓超链接，即具有相互连接能力的操作。通俗的讲，它是从一个网页指向其他目标的连接关系，这个目标可以是另外一个网页，可以是相同网页上的不同位置，还可以是一个图片、一个电子邮件地址、各种媒体（如声音、图像和动画）以及一个应用程序等。

（2）链接路径

在网站中，每一个网页文件都有一个独立的地址，通常所说的URL（统一资源定位器）指的是每一个网站的独立地址，该网站下的所有网页都属于该地址之下。但在创建网页的过程中，没有必要为每一个链接输入完整的地址，而只要确定当前文件与站点根目录之间的相对路径即可。在网站中超链接的链接路径可以分为3种形式：绝对路径、相对路径和基于根目录路径。

①绝对路径

绝对路径是指网站主页上的文件或目录存储在硬盘上的真正路径。如某一图片存放在F:\Image\下，那么F:\Image\就是Images目录的绝对路径。若存放的是网站的首页，还可以使用完整的URL地址进行查看，如http://www.lxbook.net/index.html。再以DOS操作系统为例来进行说明，假如在c:\windows\system目录下，现在要转换到c:\windows下，那么可以用绝对路径命令：cd c:\windows，也可以用绝对路径的相对表示命令：cd..。

②相对路径

相对路径是指由这个文件所在的路径引起的跟其他文件（或文件夹）的路径关系，该路径适合于网站的内部链接，如http://www.myweb.com/file/index.html，则表示index.html文件在file目录下。使用相对路径时，如果网站中某个文件的位置发生变化，Dreamweaver也会提示自动更新链接。

③基于根目录路径

基于根目录路径也适用于创建网站内容链接，但不经常使用，根目录路径以"\"开始，然后是根目录中的目录名（如"\qy\index.html"）。但一般情况下不建议使用该路径形式。根目录路径只能由服务器来解释，所以在自己的计算机上打开一个带有根路径链接的网页，上面的所有链接都将是无效的。

2. 创建超链接的方法

在Dreamweaver CS4中，创建超链接既简单又方便，下面将介绍5种创建超链接的方法。

（1）使用"属性"面板创建超链接

选择要创建超链接的对象，在"属性"面板的"链接"文本框中输入要链接的路径即可创建超链接，如图3-18所示。

图3-18 "属性"面板

（2）使用"指向文件"图标创建超链接

利用直接拖动的方法创建超链接时，需要先建立一个站点，然后选中要创建链接的对象，在"属性"面板中单击【指向文件】按钮，按住鼠标左键不放并将该按钮拖动到站点窗口中的目标文件上，释放鼠标左键即可创建超链接，如图3-19所示。

图3-19 指向文件

（3）使用"浏览文件"创建超链接

选中要创建超链接的对象，单击"属性"面板中"链接"下拉列表后的【浏览文件】按钮，打开【选择文件】对话框，在对话框中选择要链接到的目标文件，然后单击【确定】按钮即可，如图3-20和图3-21所示。

图3-20 【浏览文件】按钮

图3-21 选择文件

（4）使用菜单创建超链接

选中要创建超链接的对象，选择【插入】>【超级链接】命令，如图3-22所示，弹出【超级链接】对话框，如图3-23所示，在该对话框的"链接"文本框中输入链接的目标，或单击"链接"文本框后面的【浏览文件】按钮，选择链接文件，单击【确定】按钮即可。

图3-22　菜单命令

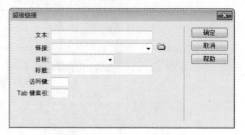

图3-23　【超级链接】对话框

（5）使用"插入"面板创建超链接

选择要创建超链接的对象，打开"插入"面板的"常用"类别项，如图3-24所示，单击【超级链接】按钮，弹出【超级链接】对话框，这里使用的方法与菜单命令相同。若创建对象为电子邮件，则单击【电子邮件链接】按钮。

图3-24　"插入"面板

3. 各种类型的超链接

前面介绍了超链接的概念以及创建方法，下面我们将认识不同类型的超链接。在网页中，超链接主要分为以下8种。

（1）文本超链接

用户在浏览网页时，鼠标经过某些文本会出现一个手形图标，有时文本也会发生一些变化（如颜色）。此时单击鼠标，将打开所链接的网页，这就是文本超链接。文本超链接是网页中最常见的超链接形式。

（2）图像超链接

图像也可以像文本一样添加超链接。对于一幅图像来说，若要建立单个链接关系，方法很简单，与文本超链接类似。

（3）图像热点链接

如果一个图像里包含多个需要链接的区域，即要将一个大的图像分成几块小的区域，每个区域都单独进行链接，这时可以采用图像的热点链接功能。

所谓图像热点区域，就是指一个图像中的某一区域。热点图像区域的链接，就是使用这个区域作为超链接，就像是在一张地图上，以其中某一区域作为超链接。所以，在代码中也用到一个形象的标签——<map>标签。<map>标签下，嵌入使用<area>标签表明某一区域，其中有3个属性值来确定这个区域，分别是shape属性、coords属性和href属性，如图3-25所示。

✣ shape属性：用来确定选区的形状，分别是rect（矩形）、circle（圆形）和poly（多边形）。

✣ coords属性：用来控制形状的位置，通过坐标来找到这个位置。

✣ href属性：就是超链接。

图3-25　代码

（4）电子邮件超链接

电子邮件超链接是Dreamweaver中的一类特殊的超链接，在网页中加入电子邮件超链接，可以方便浏览者与网站管理者之间的联系。当浏览者单击电子邮件超链接的载体（如文本）时，即可打开浏览器默认的电子邮件处理程序，收件人的邮件地址按照电子邮件超链接中指定的地址自动更新，而不需要浏览者手动输入，如图3-26所示。

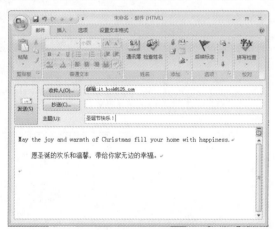

图3-26　"新邮件"窗口

（5）空链接

空链接是一种无指向的超链接。使用空链接后的对象可以附加行为，一旦用户创建了空链接，就可以为其附加所需要的行为。例如，当鼠标指针经过该超链接时，执行交换图像或者显示、隐藏某个层。

（6）锚链接

如果一个页面的内容较多、篇幅较长，为方便用户浏览，可以使用锚链接（锚记超链接）。创建锚记是指在文档中设置位置标记，并给该位置命名，以便引用。创建锚记可以使链接指向当前文档或不同文档中的指定位置，常被用来跳转到特定的主题或文档的顶部，使访问者能够快速浏览到特定的内容，从而加快信息检索速度。

创建锚链接，首先要插入一个命名锚记，然后创建到命名锚记的超链接。其具体操作步骤如下：

01 将光标定位到要插入锚记的位置，选择"插入"面板中的"常用"分类，并单击【命名锚记】按钮，如图3-27所示。

02 弹出【命名锚记】对话框，在【锚记名称】文本框中为该锚记命名（锚记名称区分大小写，且不能包含空格）。单击【确定】按钮，如图3-28所示。

图3-27　【命名锚记】按钮

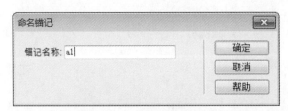

图3-28　【命名锚记】对话框

03 设置完成后，在文章的标记部位就可以看到一个锚记标记 ，如图3-29所示。

04 选择网页中的"诗歌散文"，在"属性"面板的"链接"下拉列表框中输入
"#a1"，如图3-30所示。

图3-29　锚记标记　　　　　　　　　　　　　图3-30　创建锚链接

05 依照同样的方法将光标定位在"经典文章——静心享受 享受静心"等其他需要设置
锚链接的位置，并命名为a2等，并为其创建锚链接，如图3-31所示。

图3-31　创建其他锚链接

06 保存文件，按【F12】快捷键预览网页。当单击"人生哲理"时，则转到对应的文章（人生哲理—站不住的时候，只需要再勇敢一点），如图3-32和图3-33所示。

图3-32　单击"人生哲理"　　　　　　　　　　　　图3-33　对应的文章

> **小知识：锚链接的标记**
>
> 　　如果用户没有看到锚链接的标记，可以选择【编辑】>【首选参数】命令，打开【首选参数】对话框，在"分类"列表中选择"不可见元素"选项，然后在右侧的选项区中选中"命名锚记"复选框，单击【确定】按钮关闭对话框，最后选择【查看】>【可视化助理】>【不可见元素】命令，即可显示该锚记标记。
>
> 　　标记a为当前文档中锚记的名称。若要链接到同一文件夹内其他文档中的名为top的锚记，则应输入filename.html#top。

　　（7）脚本超链接

　　脚本超链接用于执行JavaScript代码或者调用JavaScript函数，这样可以使来访者不用离开当前Web页面就能够得到关于一个项目的其他信息。当来访者单击某指定项目时，脚本超链接也可以执行计算、表单确认和其他处理任务。

　　（8）下载链接

　　下载文件是每个上网者几乎都要用到的操作，当单击某个图片或一段文字时，就会弹出【文件下载】对话框。创建下载超链接的具体操作步骤如下。

01 打开一个需要创建文件下载链接的页面，如图3-34所示。

02 单击网页中"本地下载"图像，单击"属性"面板中的链接列表框后的□按钮，打开【选择文件】对话框，选择下载文件，如图3-35所示。

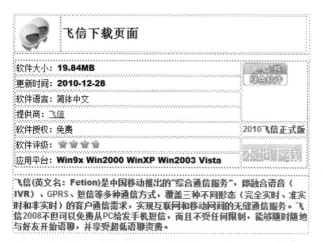

图3-34　创建下载链接页面

图3-35　选择文件

03 保存文件，预览文件，单击"下载"链接，如图3-36所示，即可打开【文件下载】对话框，如图3-37所示。

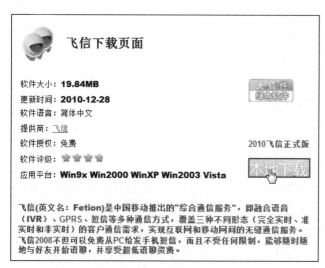

图3-36　预览网页

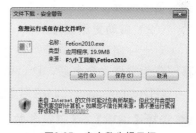

图3-37　安全警告提示框

小知识：下载文件类型

　　有一些文件类型不能提供下载链接服务，常见的有EXE、RAR、ZIP、ISO，以及一些媒体类型的文件等。

4．管理链接

　　管理链接主要包括更新链接和测试链接，当我们对本地站点的文档进行移动或重新命名时，就需要将与之对应的链接进行更新。而在上传整个网站之前，也往往需要对网站中所有的链接进行一次测试，以确保链接的有效性，下面就来学习如何在Dreamweaver CS4中有效的管理链接。

（1）更改链接

如果要修改页面中的超链接，除了可以直接在"属性"面板中进行修改之外，还可以通过以下两种方法进行操作：

❖ 方法1：选择【修改】>【更改链接】命令，如图3-38所示。

❖ 方法2：在超链接上单击鼠标右键，在弹出的快捷菜单中选择【更改链接】选项，如图3-39所示。

图3-38　使用修改菜单　　　　　　　　　　图3-39　使用右键菜单

采用以上任意一种方法调用修改链接命令的选项后，系统将弹出【选择文件】对话框，在该对话框中找到链接要指向的文件或输入URL，然后单击【确定】按钮即可完成超链接的修改。

（2）自动更新链接

对于存储在本地的整个站点或站点中的一个完整的部分，当用户在"文件"面板中移动或为文件重命名后，Dreamweaver CS4将自动更新该文档的相关链接。

在Dreamweaver CS4中自动更新链接，具体操作步骤如下。

01 选择【编辑】>【首选参数】命令，如图3-40所示，打开【首选参数】对话框。

02 在"常规"选项区中的"移动文件时更新链接"下拉列表框中选择"总是"或者"提示"选项，单击【确定】按钮，如图3-41所示。

图3-40 选择【首选参数】命令 　　　　　　　　　　图3-41 设置首选参数

（3）更新站点中某个文件的链接

①批量更新

在制作网站的过程中，有时可能需要在整个站点范围内手动批量更新某个链接，此链接可以是指向某个文档、电子邮件链接，也可以是空链接或者脚本链接。下面就如何更新站点中指向某个文件的链接进行详细介绍。

01 选择【站点】>【改变站点范围的链接】命令，如图3-42所示。

图3-42 【改变站点范围的链接】命令

02 弹出如图3-43所示的【更改整个站点链接】对话框，单击"更改所有的链接"文本框后的 按钮，选择要取消的文件，然后选择新链接，单击【确定】按钮。

03 弹出【更新文件】对话框，单击【更新】按钮，如图3-44所示。

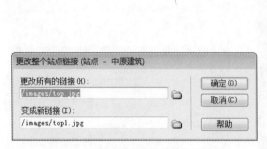

图3-43　【更改整个站点链接】对话框　　　　　图3-44　【更新文件】对话框

04 此时，站点所有网页中的Logo图像都已经被更新了，如图3-45所示。使用这种方法可以进行批量更新，而无须对每个页面都一一更改。

图3-45　更新完成

②更新链接

若在站点中修改某一文件的文件名或移动文件位置，则与此文件有关的链接都将被修改，否则该链接将无效。这时也可以通过更新链接来实现，其操作方法如下。

01 打开"文件"面板，将"jianjie.html"文件重命名为"jj.html"，如图3-46所示。此时，将弹出【更新文件】对话框，如图3-47所示。

图3-46 更改文件名

图3-47 【更新文件】提示信息

02 单击【更新】按钮，与此文件相关的链接都将被更改，如图3-48所示。

图3-48 更新链接

小知识：更新其他链接

若要取消的链接是电子邮件链接、FTP链接、空链接或脚本链接，则可以在文本框中直接删除该链接的地址。若要更改的是电子邮件链接、FTP链接、空链接或脚本链接，则可以在文本框中直接输入替换后的链接地址。

（4）检测链接

在Dreamweaver编辑窗口中通过单击超链接并不能打开目标网页，用户必须借助浏览器才能实现网页之间的跳转。超链接的测试则必须在浏览器中进行。而在

Dreamweaver文档中可以检查超链接是否正确，其具体操作方法如下：

01 选择【文件】>【检查页】>【链接】命令，如图3-49所示。

02 如果有断开的链接，则会以列表的形式在窗口的底部列出，如图3-50所示。

图3-49　选择【链接】命令

图3-50　显示结果

3.6　能力拓展

3.6.1　触类旁通——为时尚网创建链接

01 运行Dreamweaver CS4应用程序，打开"素材\第3章\初始文件\时尚网\index.html"素材文件，如图3-51所示。

02 选中"首页"文本，使用"属性"面板中的【指向文件】按钮为其建立超链接，如图3-52所示。

图3-51　打开素材文件

图3-52　为文本创建超链接

03 依照同样的方法，为导航栏中其他文本创建超链接，如图3-53所示。

04 选择一幅图像，单击右键，在弹出的快捷菜单中，选择【创建链接】命令，如图 3-54所示。

图3-53 实时视图   图3-54 选择图像

05 弹出【选择文件】对话框，在该对话框中选择要链接的目标文件，单击【确定】按 钮，即可为图像建立超链接，如图3-55所示。

06 选择网页中的图像，在"属性"面板中单击【圆形热点工具】按钮，然后在如图 3-56所示的位置处拖动一个圆形热区，并在"属性"面板中的"链接"文本框中输 入要链接的文件，在"目标"文本框中选择"_blank"选项。使用同样的方法，制 作其他几个颜色的饰品，这里就不一一介绍了。

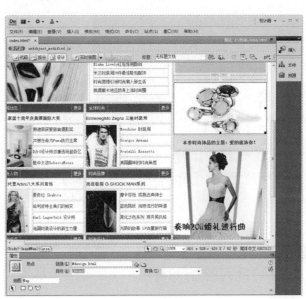

图3-55 选择文件   图3-56 嵌套表格

07 选择版权信息中的电子邮件对象，在"插入"面板中单击【电子邮件】按钮，如图3-57所示。弹出【电子邮件链接】对话框，如图3-58所示，单击【确定】按钮，即可创建电子邮件超链接。

图3-57　选择【电子邮件链接】命令　　　　　图3-58　【电子邮件链接】对话框

08 选择如图3-59所示的文本内容，在"属性"面板的"链接"文本框中输入"#"即可为该文本创建空链接。

09 选中如图3-60所示的婚纱图像，并在"属性"面板的"链接"文本框中输入"javascript:alert("我和春天有个约会！");"。

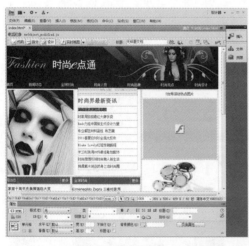

图3-59　建立空链接　　　　　　　　　　　图3-60　设置脚本链接

10 保存文件，按【F12】快捷键预览网页。单击已经设置链接的脚本图像，则会出现如图3-61所示的提示窗口。

图3-61 预览网页

3.6.2 商业应用

　　一个好的网站，是由众多网页组成的，而这些网页是通过超链接的形式关联在一起的。因此可以说，超链接是网站中不可或缺的元素，利用超链接不仅可以进行网页之间的相互链接，还可以使网页链接到相关的图像文件、多媒体文件及下载程序等。这样就把Internet上很多的网站和网页联系起来，构成一个有机的整体。如图3-62所示的中华美食网网站中含有丰富的超链接，单击这些链接将转到相应页面。

图3-62 中华美食网

3.7　本章小结

本章通过为已有网页创建各种类型的超链接为例，向读者介绍了超链接的创建方法。通过本章的学习，读者应该知道什么是超链接，超链接有哪些类型等知识，并能够在制作网页的过程中熟练掌握各种类型超链接的创建方法，很好地管理和运用超链接。

3.8　认证必备知识

单项选择题

（1）在"属性"面板的"目标"框中_blank表示＿＿＿＿＿＿。

    A．将链接文件在上一级框架页或包含该链接的窗口中打开

    B．将链接文件在新的窗口中打开

    C．将链接文件载入相同框架或窗口中

    D．将链接文件载入整个浏览器属性窗口，将删除所有框架

（2）当链接指向下列＿＿＿＿＿＿文件时，不打开该文件，而是提供给浏览器下载。

    A．ZIP   B．HTML   C．ASP   D．CGI

多项选择题

（1）在站点图中可执行的菜单操作有＿＿＿＿＿＿。

    A．增加链接   B．删除链接

    C．修改链接   D．打开并查看网页的链接部分

（2）超链接是网站中不可或缺的元素，它可以指向的目标有＿＿＿＿＿＿。

    A．文档中的某一位置   B．网络另一端的一个文件

    C．一个音乐文件   D．一个电子信箱

判断题

（1）在Dreamweaver中，超链接标签有4种不同的状态，分别是a:active、a:hover、a:link、a:visited。＿＿＿＿＿

    A．正确   B．错误

（2）如果对一个网页文件进行了重命名，那么与该网页有链接关系的网页都要逐个进行重新链接。＿＿＿＿＿

    A．正确   B．错误

第4章　CSS样式表的应用

4.1　任务题目

通过使用CSS样式表美化网页，了解CSS样式表的概念及其基本语法，学会创建并应用CSS样式表的方法，掌握如何定义CSS样式表与管理CSS样式表。

4.2　任务导入

使用CSS样式可以有效地对页面的布局、字体、颜色、背景和其他效果实现精确的控制，可以制作出更加复杂精巧的网页，使网页的维护和更新也更加方便。本章将通过使用CSS样式表美化网页来介绍CSS样式表的基本语法，CSS样式表的创建、应用及管理的相关知识。

4.3　任务分析

1．目的

了解CSS样式表的概念及其基本语法，掌握创建、应用、定义与管理CSS样式表的方法。

2．重点

（1）创建CSS样式表。

（2）定义CSS样式表。

（3）管理CSS样式表。

3．难点

（1）定义CSS样式表。

（2）管理CSS样式表。

4.4　技能目标

（1）掌握创建与管理CSS样式表的方法。

（2）灵活应用CSS样式表美化网页。

4.5 任务讲析

4.5.1 实例演练——CSS样式表的应用

01 运行Dreamweaver CS4，打开"素材\第4章\CSS样式的应用\初始文件\index.html"
文件，如图4-1所示。

02 选择【窗口】>【CSS样式】命令或按【Shift+F11】组合键，打开"CSS样式"面
板，单击面板底部的【新建CSS规则】 按钮，如图4-2所示。

图4-1 打开网页　　　　　　　　　　　　　图4-2 【新建CSS规则】按钮

03 打开【新建CSS规则】对话框，在"选择器类型"下拉列表中选择"类（可应用于
任何HTML元素）"选项，在"选择器名称"文本框中输入"biaoti"，如图4-3所
示，然后单击【确定】按钮。

04 弹出【.biaoti的CSS规则定义】对话框，在该对话框中选择"类型"分类，设置字体
为"宋体"，大小为"10 pt"，颜色为"黑色"，如图4-4所示，设置完成后单击
【确定】按钮。

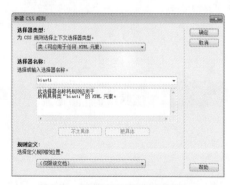

图4-3 【新建CSS规则】对话框　　　　　　图4-4 .biaoti的CSS规则定义

小知识：类样式

　　新建样式表时默认的样式名称前有一个"."，这个"."说明了此样式表是一个类样式（class）。根据CSS规则，类样式（class）可以在一个HTML元素中被多次调用。

05 选中导航栏的单元格，单击"属性"面板的"目标规则"下拉列表框，选择".biaoti"CSS样式，如图4-5所示。

06 依照同样的方法，为"网站公告"、"推荐教程"、"热门教程"以及版权信息文本内容应用名为".biaoti"的CSS样式，如图4-6所示。

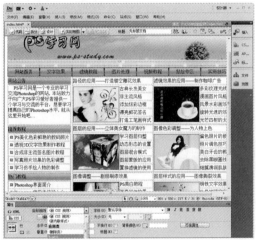

图4-5　应用CSS样式

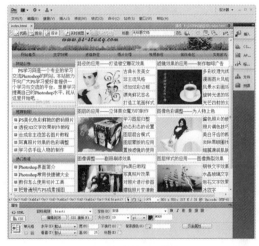

图4-6　应用CSS样式

07 新建一个名为".a"的css样式，字体为"宋体"，字号为"9 pt"，字体颜色为"#006"，如图4-7所示然后单击【确定】按钮。

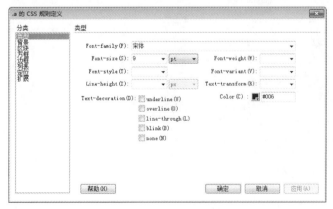

图4-7　.a的CSS规则定义

08 对如图4-8所示的文本内容应用名称为".a"的CSS样式。

09 新建一个名为".b"的CSS样式，字体为"宋体"，字号为"10 pt"，字体颜色为"#400A02"，如图4-9所示，然后单击【确定】按钮。

图4-8　应用.a的CSS样式　　　　　　　　　　图4-9　.b的CSS规则定义

10 对如图4-10所示的文本内容应用名称为".b"的CSS样式。

11 新建一个名为".c"的CSS样式，字体为"楷体"，字号为"10 pt"，字体颜色为"#8A0000"，行间距为"20 px"，并设置下划线，如图4-11所示，设置完成后，单击【确定】按钮。

图4-10　应用.b的CSS样式　　　　　　　　　图4-11　选择电子邮件链接对象

12 将光标定位在"网站公告"的内容处，单击"属性"面板的【目标规则】下拉列表框，选择名为".c"的CSS样式，如图4-12所示。

13 新建一个名为".d"的CSS样式，字体为"宋体"，字号为"10 pt"，字体颜色为"#333"，并设置下划线，如图4-13所示，设置完成后单击【确定】按钮。

图4-12 应用.c的CSS样式

图4-13 .d的CSS规则定义

14 对"推荐教程"与"热门教程"栏中的内容应用名称为".d"的CSS样式,如图4-14 所示。

图4-14 应用.d的CSS样式

15 单击"属性"面板中的【页面属性】按钮,打开【页面属性】对话框,在该对话框 中选择"外观(CSS)"分类,设置"上边距"与"下边距"均为0像素,如图4-15 所示。这样页面的上下就没有空隙了。

16 在【页面属性】对话框中，选择"链接（CSS）"类别，设置参数如图4-16所示。

图4-15　【页面属性】对话框　　　　　　　　图4-16　设置链接CSS

17 打开"CSS样式"面板，可以看到新增加的4种形式的链接CSS样式，如图4-17所示。

小知识：链接形式

Dreamweaver CS4中包含4种形式的链接。

a:link：文本链接的一般状态。

a:visited：访问过的链接状态。

a:hover：鼠标移到链接文本上时状态。

a:active：正在链接中的状态。

图4-17　4种形式的链接

⑱ 在"CSS样式"面板中，双击"a:hover"样式，打开【a:hover的CSS规则定义】对话框，将颜色改为白色（#FFF），如图4-18所示。

⑲ 为导航栏中的文本建立空链接，保存文件，按【F12】快捷键预览网页，效果如图4-19所示。

图4-18　a:hover的CSS规则定义

图4-19　预览网页

4.5.2　基础知识解析

1．CSS样式表

文档结构与显示的混合一直是HTML语言的缺陷，导致这种缺陷的原因是不同浏览器之间的不兼容性。为了将显示描述独立于文档之外，让网页在各种浏览器中正常显示，W3C标准化组织开始为HTML制定样式表机制，即CSS。在Dreamweaver CS4中，由于CSS样式表恰到好处地使用于网页之中，使得网页设计者制作出许多不同的CSS样式，达到了进一步美化网页的作用。

（1）CSS的概念

CSS（Cascading Style Sheets）即层叠样式表，是设置页面元素对象格式的一系列规则，利用这些规则可以描述页面元素的显示方式和位置，也可以有效地控制Web页面的外观，帮助设计者完成页面布局。

现在的网页中几乎没有不用样式表的，使用样式表不但可以定义文字，还可以定义表格、层以及其他元素。通过直观的界面，设计者可以定义超过70种不同的CSS设置，这些设置可以影响到网页中的任何元素，从文本的间距到类似于多媒体的转换。用户可以随时自己创建样式表并可以随时调用。

（2）CSS的基本语法

组成CSS的显示规则主要由选择器和声明两部分组成。选择器用于标识站点中需要定义样式的一些HTML标记，如<body>、<table>、<hr>、元素ID以及类的名称等。声明常以包含多个声明的声明块的形式存在。声明由属性和值两部分组成。下面具体介绍

CSS的一般写法。

CSS有3种写法，其分别介绍如下：

❖ 位于HTML文件的头部，即<HEAD>与</HEAD>之间，以<STYLE>开始，</STYLE>结束。

<style type="text/css">

h1 {font-size: 10pt; color: #000}

</style>

其中<style>和</style>之间是样式的内容，"type"表示使用的是"text"中的CSS书写的代码。{}前面的内容是样式的类型和名称，{}中的内容是样式的具体属性。上述代码定义了<h1>标记使用的字号为10 pt，颜色为"#000"。

❖ 在<body>中直接书写，例如要让<h1>标记字体为12pt，可以直接在<body></body>中输入如下代码：

<h1 style=" font-size:12pt">

❖ 从外部调用，CSS既可以在HTML文档内容定义，也可以单独成立文件，网页文件可以直接调用CSS样式表文件。

（3）认识CSS样式面板

在Dreamweaver CS4中，CSS样式的操作及其属性都集中在"CSS样式"面板中。选择【窗口】>【CSS样式】命令，打开"CSS样式"面板，如图4-20所示。在该面板中集中了CSS样式的基本操作，并分为"全部"模式和"当前"模式。下面将分别介绍这两种模式。

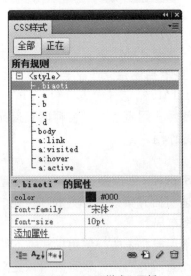

图4-20　"CSS样式"面板

①单击"CSS样式"面板中的【全部】按钮，显示"全部"模式下的"CSS样式"面板。该面板分为上、下两部分，即"所有规则"部分和"属性"部分。"所有规则"部分显示当前文档中定义的所有CSS样式规则，以及附加到当前文档样式表中所定义的所有规则。使用"属性"部分可以编辑"所有规则"部分中所选的CSS属性。拖动两部分之间的边框可以调整各部分的大小。

当用户在"所有规则"部分中选择某个规则时，该规则中定义的所有属性都将出现在"属性"部分中，用户可以使用"属性"部分快速修改CSS，无论它是嵌入在当前文档中，还是通过附加的样式表链接的。在默认情况下，"属性"部分仅显示先前已设置的属性，并按字母顺序进行排列。

用户可以选择在其他两种视图中显示属性。类别视图显示按类别分组的属性（如"字体"、"背景"、"区块"等），已设置的属性位于每个类别的顶部。列表视图显示所有可用属性的按字母顺序排列的列表，同样，已设置的属性排在顶部。若要在视图之间切换，可以单击位于"CSS样式"面板底部的【显示类别视图】按钮 ▦ 、【显示列表视图】按钮 A↓ 或【只显示设置属性】按钮 ⁑↓。此外，面板底部还有【附加样式表】按钮 ☞ 、【新建CSS规则】按钮 ⬔ 、【编辑样式表】按钮 ✎ 和【删除CSS规则】按钮 🗑 。

②单击【正在】按钮，将切换到"当前"模式下，如图4-21所示。

图4-21 "当前"模式

在"当前"模式下，"CSS样式"面板可以分为三部分：第一部分显示了文档中当前所选对象的CSS属性，即"所选内容的摘要"部分；第二部分显示了所选CSS属性的应用位置，即"规则"部分；第三部分显示了用户编辑当前CSS属性的工作窗口，即"属性"部分。各部分的功能如下。

❖ "所选内容的摘要"部分：显示活动文档中当前所选对象的CSS属性的设置，这些设置直接应用于所选内容，它是按逐级细化的顺序排列属性的。

❖ "规则"部分：分为【关于视图】（默认视图）和【规则视图】两种。其中，【关于视图】中显示了所选CSS属性的规则名称，以及使用了该规则的文件名称，如图4-21所示。单击【关于视图】右上角的【显示层叠】按钮 ⬒ 切换到【规则视图】下，此时显示直接或间接应用于当前所选内容的所有规则的层次结构。当用户将鼠标指针悬浮于【规则视图】上方时，将显示出使用的当前CSS样式文件的名称。

❖ "属性"部分：与"全部"模式下"属性"部分的显示内容相同，当在"所选内容的摘要"部分中选择了某个属性后，所定义CSS样式的所有属性都将出现在"属性"部分中，用户可以使用"属性"部分快速修改所选的CSS样式，无论它是嵌入在当前文档中，还是通过附加的样式表所链接。一般"属性"部分仅显示那些已设置的属性，并按字母顺序将其进行排列，并且可以通过按钮切换为不同的显示视图。

2. 创建CSS样式表

（1）创建内部样式表

有些情况下，可能指定将网页中的内容只用于一个网页的样式，在这种情况下，可将样式表放在标签<style>和</style>内，直接包含在HTML文档中。以这种方式使用的样式表必须出现在HTML文档的head中。在前面"使用CSS样式表美化网页"的案例中，创建的均是内部样式表。

定义新CSS时，在【新建CSS规则】对话框的"选择器类型"下拉列表中包含以下4种选择方式，如图4-22所示，分别为类（可应用于任何HTML元素）、ID（仅应用于一个HTML元素）、标签（重新定义HTML元素）和复合内容（基于选择的内容）。这4种选择器有优先级之分，其中复合内容>ID>类>标签选择器，复合选择器的优先级比组成它的单个选择器的优先级都要高。

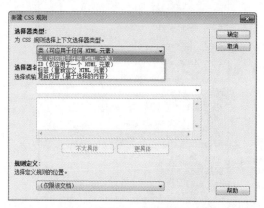

图4-22 【新建CSS样式】对话框

①类样式

类定义了一种通用的方式，所有应用了该方式的元素在浏览器中都遵循该类定义的规则。类名称必须以句点开头，可以包含字母和数字，不包含空格或标点符号，如.style为一个类名称。如果没有输入开头的句点，Dreamweaver会自动输入。

②ID

在HTML页面中，ID参数指定了某个单一元素，ID选择符用于对这个单一元素定义单独的样式。定义ID选择符要在ID名称前加上一个"#"号。ID选择符的应用和类选择符相似，只要把CLASS换成ID即可。

③标签

选择器是标识已设置格式元素的术语（如p、h1、body），在"选择器类型"下拉列表中选择"标签"，如图4-23所示，可以对某一标签进行定义。

图4-23 【新建CSS样式】对话框中的标签

④复合类型

前面介绍了3种（标签选择器、类选择器、ID选择器）基本的选择器，以这3种基本选择器为基础，通过组合能够产生更多种类的选择器，以实现更强、更方便的选择功能，复合选择器就是由基本选择器通过不同的连接方式构成的。

复合选择器，如图4-24所示，它就是由两个或多个基本选择器，通过不同方式连接而成的选择器。复合内容样式重新定义特定元素组合的格式，或其他CSS允许的选择器表单的格式。

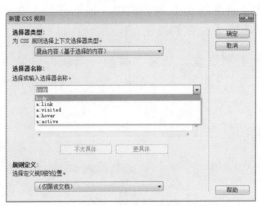

图4-24 复合选择器

（2）创建外部样式表

CSS外部样式表是一个包含样式和格式规范的外部文本文件，编辑外部CSS样式表时，链接到该CSS样式表的所有文档全部更新以反映所做的更改。在Dreamweaver CS4中可以导出文档中包含的CSS样式以创建新的CSS样式表，然后附加或连接到外部样式表以应用那里所包含的样式。

创建外部样式表的具体操作步骤如下。

01 打开一个网页文档，选择【窗口】>【CSS样式】命令，显示"CSS样式"面板，如图4-25所示。

02 单击"CSS面板"中的【新建CSS规则】按钮 ，打开【新建CSS规则】对话框，在"选择器类型"下列列表中选择"类（可应用于任何HTML元素）"选项，在"选择器名称"文本框中输入CSS样式的名称"yangshi"，在"规则定义"下拉列表中选择"新建样式表文件"选项，如图4-26所示，最后单击【确定】按钮。

图4-25 打开网页

图4-26 【新建CSS规则】对话框

03 在弹出的【将样式表文件另存为】对话框中，输入样式表文件名称，如"mycss"，如图4-27所示，然后单击【保存】按钮。

04 弹出【CSS规则定义】对话框，选择"类型"选项，设置"Font-family"为"宋体"，"Font-size"为"9 pt"，"Color"为"#F00"，设置完成后单击【确定】按钮，如图4-28所示。

图4-27 输入样式表文件名称

图4-28 CSS规则定义

小知识：类样式

在设置字体的时候，如果没有要选的字体，可以在字体下拉列表框中选择"编辑字体列表"，打开字体添加窗口，选择需要的字体，单击"添加"按钮添加字体。这样就能把要选的字体放入要选择的下拉列表框中。

05 在"CSS样式"面板中就可以看到新建的样式了，如图4-29所示。

06 打开该样式文件保存的位置，可以看到创建的外部文件样式表，如图4-30所示。

图4-29 应用CSS样式

图4-30 外部样式文件

3. 应用样式表

创建了CSS样式表之后，就可以利用该样式表快速设置页面上的样式，使网站具有统一的风格。

（1）应用内部样式表

要应用定义好的内部CSS样式有以下三种方法。

方法一：在"属性"面板中应用一个现有的自定义样式。选中要应用样式的文本或元素，在"属性"面板中单击"CSS"属性，在"目标规则"下拉列表框中选择已经设置好的CSS样式，如图4-31所示。

图4-31 "属性"面板

　　方法二：利用菜单应用一个现有的自定义样式。选中要应用样式的文本，选择【格式】>【CSS样式】命令，从中选择一种编辑好的样式，如图4-32所示。还可以单击鼠标右键，在弹出的快捷菜单中选择【CSS样式】命令。

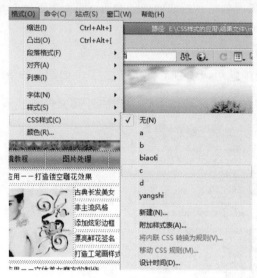

图4-32　执行命令

　　方法三：利用"CSS样式"面板应用现有的样式。选中要应用样式的标签或者文本，在"CSS样式"面板中单击样式，从弹出的快捷菜单中选择【套用】命令，如图4-33所示。

图4-33　套用样式

　　（2）链接外部CSS样式表

　　链接外部样式表是指把已经存在的文件外部样式用于选定的文档中，具体操作步骤如下。

01 单击"CSS样式"面板中的【附加样式表】按钮　，打开【链接外部样式表】对话框，单击【浏览】按钮 浏览... ，如图4-34所示。

02 打开【选择样式表文件】对话框，选定一个CSS样式表文件，如mycss.css，单击【确定】按钮，如图4-35所示。

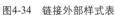

图4-34　链接外部样式表　　　　　　　　　　　图4-35　选择样式表文件

03 返回【链接外部样式表】对话框，单击【确定】按钮，样式文件即被链接到当前文档中。在"CSS样式"面板中，可以看到刚才链接的"mycss.css"样式，如图4-36所示。

04 选中要应用样式的文档，在"属性"面板中单击【CSS】按钮，在【目标规则】下拉列表框中选择".mycss"选项即可应用，如图4-37所示。

图4-36　链接样式表　　　　　　　　　　　　　图4-37　应用链接的CSS样式

4．定义CSS样式

　　在Dreamweaver CS4中，CSS样式可以通过多种方式来定义，但最常用的还是通过"属性"面板来定义。CSS样式定义包括CSS样式的类型、背景、区块，方框等部分的定义，下面就将具体介绍。

（1）定义CSS样式的类型

选择一个已经创建完成的CSS样式，双击此文件即可打开【CSS规则定义】对话框，如图4-38所示。在"分类"列表中选择"类型"选项，从中可以定义CSS样式的基本字体和类型。

在【CSS规则定义】对话框中的"类型"选项区中，各选项的含义如下。

图4-38　设置"类型"选项

❖ Font-family（字体）：用于定义样式的字体，在默认情况下，浏览器选用用户系统中安装的字体列表中的第一种字体显示文本。

❖ Font-size（大小）：可以定义样式文本的大小，可通过输入一个数值并选择一种度量单位来控制样式文字的大小，或选择相对大小。若选择以像素为单位，可以有效地防止浏览器破坏页面中的文本。

❖ Font-style（样式）：其中包括"正常"（normal）、"斜体"（italic）和"偏斜体"（oblique）三种字体样式，默认设置为"正常"。

❖ Line-height（行高）：定义应用了样式的文本所在行的行高，可选择"正常"选项，以自动计算行高，或输入一个值并选择一种度量单位。

❖ Text-decoration（修饰）：向文本中添加"下划线"、"上划线"、"删除线"或"闪烁"效果。常规文本的默认设置是"无"。链接的默认设置是"下划线"。若要将链接设置为"无"，可以通过定义一个特殊的"类"删除链接中的下划线。

❖ Font-weight（粗细）：设置文本是否应用加粗，其中有"正常"和"粗体"两种选项。

❖ Font-variant（变体）：设置文本变量。

❖ Text-transform（大小写）：将所选内容中的每个单词的首字母大写或将文本设置为全部大写或小写。

❖ Color（颜色）：设置样式所定义文本的颜色。

（2）定义CSS样式的背景

打开【CSS规则定义】对话框，在"分类"列表中选择"背景"选项，然后在右侧的"背景"选项区中设置所需要的样式属性，即可完成背景的设置，如图4-39所示。

图4-39 设置"背景"选项

在【CSS规则定义】对话框的"背景"选项区中，各选项的含义如下。

✣ Background-color（背景颜色）：可用于设置元素的背景颜色。

✣ Background-image（背景图像）：可以设置一张图像作为网页的背景。

✣ Background-repeat（重复）：用于控制背景图像的平铺方式，包括四种选项，若选择"不重复"选项，则只在文档中显示一次图像；若选择"重复"选项，则在元素的后面水平和垂直方向平铺图像；选择"横向重复"或"纵向重复"选项，将分别在水平方向和垂直方向进行图像的重复显示。

✣ Background-attachment（附件）：用于控制背景图像是否随页面的滚动而滚动。有"固定"（文字滚动时，背景图像保持固定）和"滚动"（背景图像随文字内容一起滚动）两个选项。

✣ Background-position（水平位置和垂直位置）：指定背景图像的初始位置，可用于将背景图像与页面中心垂直或水平对齐。如果"附件"设置为"固定"，则其位置是相对于文档窗口的。

（3）设置区块

在【CSS规则定义】对话框中的"分类"列表中选择"区块"选项，如图4-40所示，然后在该对话框右侧的"区块"选项区中设置各个选项，即可完成区块的设置。

图4-40 设置"区块"选项

在【CSS规则定义】对话框的"区块"选项区中，各选项的含义如下。

✣ Word-spacing（单词间距）：主要用于控制单词间的距离。包含"正常"和"值"两个选项。若选择"值"选项，其计量单位有"英寸"、"厘米"、"毫米"、"点数"、"12pt字"、"字体高"、"字母×的高"和"像素"。

✣ Letter-spacing（字母间距）：其作用与字符间距相似，包含"正常"和"值"两个选项。

✤ Vertical-align（垂直对齐）：控制文字或图像相对于其主体元素的垂直位置。例如，将一个2像素×3像素的GIF图像同文字的顶部垂直对齐，则该GIF图像将在该行文字的顶部显示。其选项包括以下8个。

1. baseline（基线）：将元素的基准线同主体元素的基准线对齐。

2. sub（下标）：将元素以下标的形式显示。

3. super（上标）：将元素以上标的形式显示。

4. top（顶部）：将元素顶部同最高的主体元素对齐。

5. text-top（文本顶对齐）：将元素的顶部同主体元素文字的顶部对齐。

6. middle（中线对齐）：将元素的中点同主体元素的中点对齐。

7. bottom（底部）：将元素的底部同最低的主体元素对齐。

8. 值：用户可以自己输入一个值，并选择一种计量单位。

✤ Text-align（文本对齐）：设置块的水平对齐方式。共有"left"（左对齐）、"right"（右对齐）、"center"（居中）和"justify"（均分）四个选项。

✤ Text-indent（文字缩进）：用于控制块的缩进程度。

✤ White-space（空格）：在HTML中，空格通常是不被显示的，但在CSS中使用属性white-space便可以控制空格的输入，其选项有"normal"（正常）、"pre"（保留）和"nowrap"（不换行）。

✤ Display（显示）：指定是否以及如何显示元素。

（4）设置方框

在"分类"列表中选择"方框"选项，即可在右侧的"方框"选项区中显示其所有属性，如图4-41所示。通过设置【CSS规则定义】对话框中的"方框"属性，可以控制元素在页面上的放置方式及各元素的标签和属性定义设置。

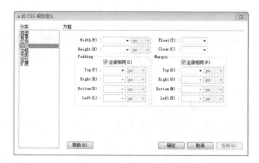

图4-41　设置"方框"选项

在"方框"选项区中共有6个选项，各选项的含义如下。

✤ Width（宽）：确定方框本身的宽度，可以使方框的宽度不决定于它所包含的内容。

✤ Height（高）：确定方框本身的高度。

✤ Float（浮动）：设置块元素的浮动效果，也可以确定其他元素（如文本、层、表格）围绕主体元素的哪一个边浮动。

✤ Clear（清除）：用于清除设置的浮动效果。

✤ Padding（填充）：指定元素内容与元素边框之间的间距（如果没有边框，则为边距）。若选中"全部相同"复选框，则为应用此属性的元素的"Top"（上）、"Right"（右）、"Botton"（下）和"Left"（左）侧设置相同的边距属性；如果取消选择"全部相同"复选框，可为应用此属性的元素的四周，分别设置不同的填充属性。

✤ Margin（边界）：指定一个元素的边框与另一个元素之间的间距（如果没有边框，则为填充）。仅当应用于块级元素（段落、标题、列表等）时，Dreamweaver才在文档窗口中显示该属性。取消选择"全部相同"复选框,可设置元素各个边的边距。

（5）设置边框

在"分类"列表中选择"边框"选项,则可以在其右侧的"边框"选项区中设置各个选项,如图4-42所示。使用CSS规则定义对话框中的"边框"属性,可以定义元素周围的边框（如宽度、颜色和样式）。

图4-42　设置"边框"选项

在"边框"选项区中,各选项的含义如下。

❖ Style（样式）：设置边框的样式外观,其显示方式取决于浏览器。Dreamweaver在文档窗口中将所有样式呈现为实线。取消选择"全部相同"复选框,可设置元素各个边的边框样式,其边框样式包括无、虚线、点划线、实线、双线、槽状、脊状、凹陷和凸出。

❖ Width（宽度）：用于设置元素边框的粗细,其中有四个属性,即顶边框的宽度、右边框的宽度、底边框的宽度和左边框的宽度。若取消选择"全部相同"复选框,可设置元素各个边的边框宽度,其边框宽度包括"细"、"中"、"粗"或"值"四种。

❖ Color（颜色）：用于设置边框的颜色。若取消选择"全部相同"复选框,可设置元素各个边的边框颜色,但显示方式取决于浏览器;若选中"全部相同"复选框,可为应用此属性元素的"上"、"右"、"下"和"左"侧设置相同的边框颜色。

（6）设置列表

在【CSS规则定义】对话框中的"分类"列表中选择"列表"选项,可在其右侧的"列表"选项区中显示相应的选项,如图4-43所示。通过【CSS规则定义】对话框中的"列表"属性,可以对列表标签进行设置（如项目符号的大小和类型）。

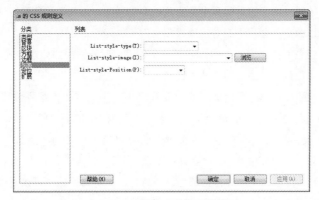

图4-43　设置"列表"选项

在"列表"选项区中包含3个选项，其各自的含义如下。

❖ List-style-type（类型）：设置项目符号或编号的外观，有"圆点"、"圆圈"、"方形"、"数字"、"小写罗马数字"、"大写罗马数字"、"小写字母"和"大写字母"等选项。

❖ List-style-image（项目符号图像）：用户可以将列表前面的符号换为图形。单击"浏览"按钮，可在打开的"选择图像源文件"对话框中，选择所需要的图像；或在其文本框中输入图像的路径。

❖ List-style-Position（位置）：用于描述列表的位置，有"内"和"外"2个选项。例如，可以设置文本是否换行和缩进（外部）以及文本是否换行靠近左边距（内部）。

（7）设置定位

在【CSS规则定义】对话框的"分类"列表中选择"定位"选项时，即可在该对话框右侧的"定位"选项区中显示其所有属性项，如图4-44所示。

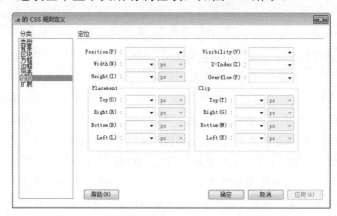

图4-44　设置"定位"选项

在"定位"选项区中，各选项的含义如下。

❖ Position（类型）：用于确定浏览器定位层的类型，其中有3个选项，绝对、相对和静态。

❖ Visibility（显示）：用于确定层的初始显示条件，其中包括3个选项，继承、可见及隐藏，默认情况下大多数浏览器都选择"继承"选项。

❖ Width and Height（宽和高）：用于指定应用该样式的层的长度与高度。

❖ Z-Index（Z轴）：用于控制网页中层元素的叠放顺序，该属性的参数值使用纯整数，值可以为正，也可以为负，适用于绝对定位或相对定位的元素。

❖ Overflow（溢位）：确定该层的内容超出层的大小时所采用的处理方式，共有4个选项，即"可见"、"隐藏"、"滚动"和"自动"。

❖ Placement（置入）：用于指定层的位置和大小，浏览器如何解释位置取决于"类型"选项中的设置。该选项区中的每个下拉列表框中都有2个选项，即"自动"和"值"；若选择"值"选项，其默认单位是"像素"，还可以指定单位为"点数"、"英寸"、"厘米"、"毫米"、"12pt字"、"字体高"及"百分比"。

❖ Clip（裁切）：用于定义层的可见部分。如果指定了剪辑区域，可以通过脚本语言访问它，并可以通过设置其属性以创建如"擦除"等特效。

（8）设置扩展

在【CSS规则定义】对话框的"分类"列表中选择"扩展"选项，即可在右侧的"扩展"选项区中显示其所有属性，如图4-45所示。

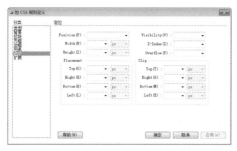

图4-45　设置"扩展"选项

在"扩展"选项区中，各选项的含义如下。

✤ 分页：包含"之前"（Page-break-before）和"之后"（Page-break-after）2个选项。其作用是为打印的页面设置分页符，如对齐方式。

✤ 视觉效果：包含"光标"（Cursor）和"滤镜"（Filter）2个选项。"光标"选项用于指定在某个元素上要使用的光标形状，共有15种选择方式，分别代表了鼠标在Windows操作系统中的各种形状。"滤镜"选项用于为网页中的元素应用各种滤镜效果，共有16种滤镜，如"模糊"、"反转"等。

5. 管理CSS样式表

管理CSS样式表是指对CSS样式进行查看、编辑、删除、复制等操作，这些操作可以直接在"CSS样式面板"中找到相应的命令来完成。

（1）查看CSS样式

打开"CSS样式"面板，单击【全部】按钮，切换到显示CSS样式面板。双击文件名称，即可打开编辑器窗口，在这里可以看到对样式的各种设置。

另外，还可以直接在"CSS样式"面板底部的"属性"部分查看，如图4-46所示。

图4-46　显示"属性"部分

（2）编辑CSS样式

打开"CSS样式"面板，选中要编辑的CSS样式，单击面板底部的【编辑样式】按钮，打开【CSS规则定义】对话框，可对CSS面板中选中的CSS样式进行编辑。

> **小知识：其他编辑CSS样式的方法**
>
> 用户还可以通过以下2种方法对CSS样式进行编辑。
>
> 直接双击要修改的样式，打开"CSS规则定义"对话框进行修改，完成后单击【确定】按钮。
>
> 选择要修改的样式后，在"属性"面板下方的属性列表中直接修改属性值，单击"添加属性"字样，添加新的属性。

（3）删除CSS样式

在"CSS样式"面板中，选中要删除的样式文件后单击右键，在弹出的菜单中选择【删除】命令，如图4-47所示。另外用户还可以选中要删除的样式文件，单击【删除CSS规则】按钮 ，或者选中要删除的样式，单击键盘上的【Delete】键即可。

图4-47　删除CSS样式

（4）复制CSS样式

在一个页面中，如果用户使用同样的CSS样式，可以通过复制CSS样式，这样就能节省新建样式的时间。

01 选中要复制的样式，单击鼠标右键，从弹出的快捷菜单中选择【复制】命令，如图4-48所示。

图4-48　右键选择"复制"命令

02 弹出如图4-49所示的【复制CSS规则】对话框，用户可以在此选择"选择器类型"，并输入"选择器名称"。这里默认设置，单击【确定】按钮。在"CSS样式"面板就出现了复制的样式，如图4-50所示。

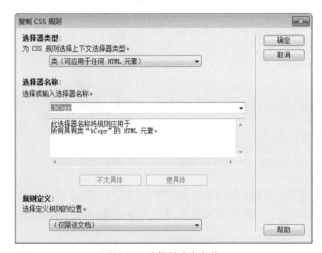

图4-49　选择样式表文件

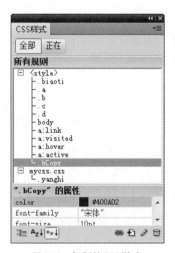

图4-50　复制的CSS样式

4.6　能力拓展

4.6.1　触类旁通——美化网页

01 运行Dreamweaver CS4，打开"素材\第4章\美化网页\初始文件\index.html"素材文件，如图4-51所示。

02 选择【窗口】>【CSS样式】命令，打开"CSS样式"面板，单击面板底部的【新建CSS规则】按钮，如图4-52所示。

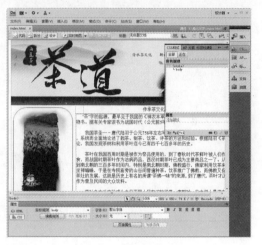

图4-51　打开素材文件　　　　　　　　图4-52　"CSS样式"面板

03 打开【新建CSS规则】对话框，在"选择器类型"下拉列表中选择"类（可应用于任何HTML元素）"，在"选择器"名称文本框中输入名称，单击【确定】按钮，如图4-53所示。

图4-53　【新建CSS样式】对话框

04 弹出【CSS规则定义】对话框，设置"Font-family"为"宋体"，"Font-size"为"10 pt"，"Color"为"白色（#FFF）"，设置完成后单击【确定】按钮，如图4-54所示。

图4-54　CSS样式规则定义

05 选择导航栏的单元格，在"属性"面板的【目标规则】列表框中选择刚定义的CSS样式.a，如图4-55所示。

06 如图4-56所示为应用CSS样式的效果。使用同样的方法对版权信息文本应用名为.a的CSS样式。

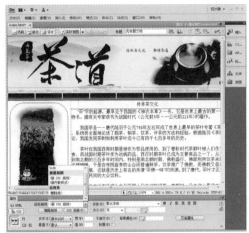

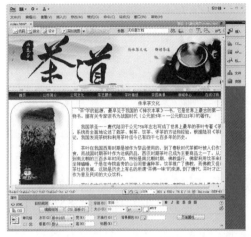

图4-55　选择CSS样式　　　　　　　　　　图4-56　应用CSS样式

07 打开"CSS样式"面板，单击【新建CSS规则】按钮，新建一个名为.b的CSS样式，设置"Font-family"为"楷体"，"Font-size"为"13 pt"，"Color"为"#004200"，加粗，如图4-57所示。

图4-57　CSS规则定义

08 选择如图4-58所示的文本内容（传承茶文化），对其应用名为".b"的CSS样式。

09 再新建一个名为.c的CSS样式，设置"Font-family"为"宋体"，"Font-size"为"9 pt"，"Color"为"#030"，行间距为"20 px"，如图4-59所示。

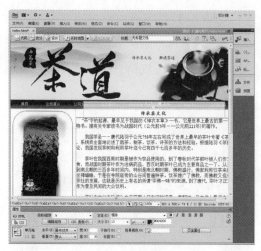

图4-58　应用CSS样式

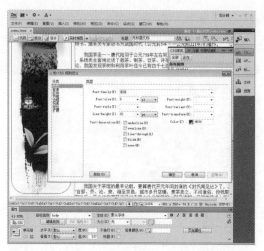

图4-59　定义CSS样式

⑩ 选择如图4-60所示的文本内容，对其应用名为.c的CSS样式。这样，该网页就美化好了，这里没有建立链接的CSS样式，用户可以参照前面的案例自己制作。

⑪ 保存文件，按【F12】快捷键预览网页，如图4-61所示。

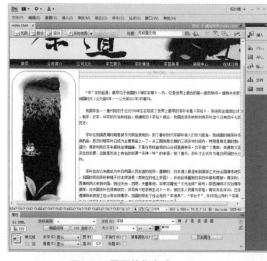

图4-60　网页美化完成

图4-61　预览网页

4.6.2　商业应用

　　精美的网页离不开CSS技术，使用CSS样式可以实现网页格式化，制作出的网页更赏心悦目。CSS样式比HTML样式控制更加精简、高效，功能更加丰富。它可以控制文本属性、链接属性，还可以控制Web网页中"块"级别元素（如表格、单元格、层等）的格式与定位，使用CSS可以更加灵活地控制网页外观与布局。如图4-62所示的信阳茶网，该页面外观精美，布局也恰到好处。

图4-62　信阳茶网

4.7　本章小结

　　本章通过两个实例，向读者介绍了CSS样式的知识。通过本章的学习，读者应了解什么是CSS，掌握CSS的基本语法，能够掌握CSS样式创建、应用及定义的方法，并且能够管理CSS样式。希望读者在制作网页的过程中熟练应用CSS样式，制作出更加精美的网页。

4.8　认证必备知识

单项选择题

（1）下面关于样式表的说法错误的是＿＿＿＿＿＿＿＿。

　　A．通过样式表面板可以对网页中的样式进行编辑、管理

　　B．建立CSS样式表有两种方式

　　C．通过"扩展"还可以制作较复杂的样式

　　D．在创建样式表时，可以选择建立外部样式表文件还是仅用于当前文档的内部样式

（2）打开"CSS样式"面板的快捷键是_____。

    A．【F11】键   B．【Ctrl+F11】组合键

    C．【F12】键   D．【Shift+F11】组合键

多项选择题

（1）在【新建CSS规则】对话框中选择器的类型有_____。

    A．类（可应用于任何HTML元素）

    B．标签（重新定义HTML元素）

    C．ID（仅应用于一个HTML元素）

    D．复合类型（基于选择的内容）

（2）CSS可以通过_____方法将样式应用到页面。

    A．创建新的CSS样式表

    B．内部样式表

    C．外部的、被链接的样式表

    D．被嵌入的样式规则

判断题

（1）使用Dreamweaver中的链接外部的样式表功能，将样式表运用到多个网页文件中，从而达到网站"减肥"的目的。_____

    A．正确   B．错误

（2）在Dreamweaver中可以将已经创建的仅用于当前文档的内部样式表转化为外部样式表。_____

    A．正确   B．错误

第5章 使用表格布局网页

5.1 任务题目

通过使用表格布局网页，掌握表格的基本操作与表格属性的设置，学会特殊表格的制作方法。

5.2 任务导入

表格是网页排版的常用工具。在网页设计中，表格的功能已经不仅仅局限于进行数据处理，更主要的是借助表格来实现网页的精确排版，对图像、文本等元素进行准确定位。本章将通过使用表格布局网页介绍表格的基本操作、表格的属性设置等。

5.3 任务分析

1．目的

了解表格的构成，掌握表格及单元格的基本操作，掌握表格属性的设置、特殊表格的制作方法。

2．重点

（1）表格的基本操作。

（2）表格属性的设置。

（3）特殊表格的制作。

3．难点

（1）利用表格布局网页。

（2）制作特殊表格。

5.4 技能目标

（1）掌握表格的基本操作、表格属性设置以及特殊表格的制作。

（2）能够利用表格灵活布局网页。

5.5 任务讲析

5.5.1 实例演练——利用表格布局网页

01 运行Dreamweaver CS4，新建网页文档，单击"属性"面板中的【页面属性】按钮，在【页面属性】对话框中设置"上边距"与"下边距"均为0像素，如图5-1所示。

02 打开"插入"面板，选择"常用"列表中的【表格】选项，如图5-2所示。

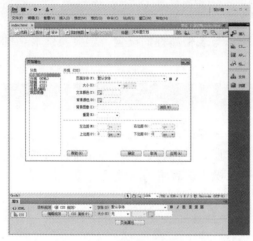

图5-1 设置页面属性

图5-2 "插入"面板的【表格】按钮

03 弹出【表格】对话框，在该对话框中设置行数为1，列数为1，表格宽度为778像素，边框粗细为0，如图5-3所示，设置完成后，单击【确定】按钮。

图5-3 【表格】对话框

04 在网页中插入了1行1列的表格，在"属性"面板中设置表格的对齐方式为"居中对齐"，然后选择【插入】>【图像】命令，在该表格中插入图像，如图5-4所示。

05 将光标定位在Logo的下方，插入一个1行1列的表格，表格宽度为780像素，单元格
　　间距为1像素，并设置其对齐方式为"居中对齐"，如图5-5所示。

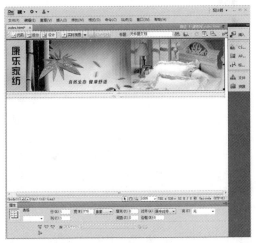

图5-4　设置表格属性并插入图像　　　　　　　　　　图5-5　插入表格

06 在"属性"面板中设置该表格的高为30像素，选中<td>标签，单击鼠标右键选择
　　【快速标签编辑器】，添加如图5-6所示的代码，设置单元格的背景。

07 将光标定位在导航栏表格中，插入一个1行7列的表格，表格宽度为100%，行高为30
　　像素，如图5-7所示。

图5-6　设置行高与单元格背景　　　　　　　　　　图5-7　插入表格、设置属性

08 在各单元格中输入如图5-8所示的文本内容，并应用名称为".a"的CSS样式。其中.a
　　的CSS样式为宋体、10 pt、白色。

09 在如图5-9所示的位置处插入一个1行1列的表格，表格宽度为778像素，作为主体
　　部分。

图5-8　输入文本、应用CSS样式

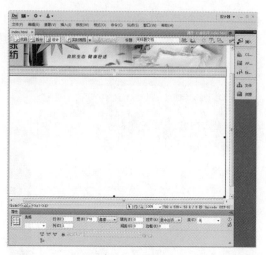

图5-9　插入表格

⑩ 在主体表格中插入一个2行3列的表格，表格宽度为100%，如图5-10所示。

⑪ 合并右侧和左下方的两个单元格，并根据需要使用鼠标分别调整对应的行高和列宽，具体可以参照图5-11的参数进行设置（列宽分别为35%、35%、30%）。

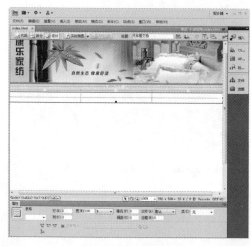

图5-10　插入表格

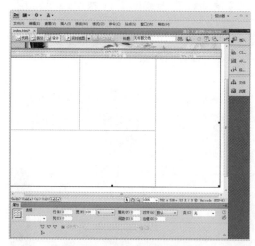

图5-11　合并单元格、调整列宽

⑫ 将光标定位在左上角的单元格中，插入一个8行1列的表格，表格宽度为100%，单元格间距为2像素，并设置第一个单元格行高30像素，其他的行高均为25像素，如图5-12所示。

⑬ 将光标定位在第一个单元格，选中<td>标签，单击鼠标右键选择【快速标签编辑器】，输入如图5-13所示的代码，设置单元格的背景图片。

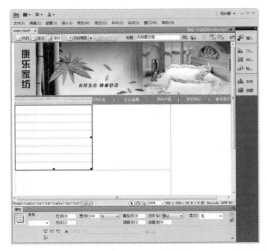

图5-12　插入表格、设置属性

图5-13　设置单元格的背景

14 在有背景的单元格中插入一个1行3列的表格，调整各单元格的列宽，输入文本内容并应用CSS样式（宋体，10 pt，黑色），在其他单元格中输入文本并应用样式（宋体，9 pt，#333），如图5-14所示。

15 使用同样的方法制作另外一个单元格中的内容，如图5-15所示。

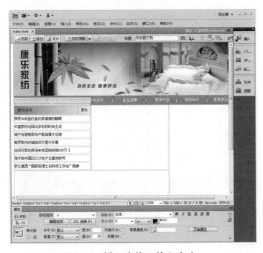

图5-14　插入表格、输入文本

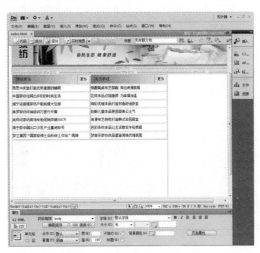

图5-15　制作另外一个单元格

16 在如图5-16所示位置处插入一个2行3列的表格，然后合并第一行3个单元格，设置第一个单元格行高为30像素，并添加背景图像，最后输入文本内容，如图5-16所示。

17 在第一个单元格中插入一个1行1列的表格，表格宽度为96%，边框粗细为1像素，背景颜色为#EBEBEB。然后再嵌套一个2行1列的表格，表格宽度为92%，设置对齐方式为"居中对齐"，最后插入图像与文本，如图5-17所示。

图5-16 布局"家纺产品展示"模块

图5-17 插入图像和文本

⑱ 使用同样的方法制作另外两个单元格中的内容，如图5-18所示。

⑲ 将光标定位在右侧单元格中，在"属性"面板中设置单元格背景颜色为#E4E4E4，然后在其中嵌套一个2行1列的表格，如图5-19所示。

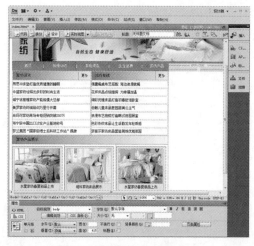
图5-18 制作其他单元格内容

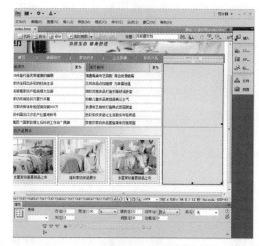
图5-19 插入表格

⑳ 参照前面几个模块的制作方法，制作如图5-20所示的布局效果。

㉑ 下面制作版权信息部分。插入1行1列的表格，设置行高为40像素，背景颜色为#E4E4E4，并输入文本内容，设置文本居中对齐，如图5-21所示。

图5-20　插入表格并输入文本

图5-21　制作版权信息

㉒ 保存文件，按【F12】快捷键预览网页，如图5-22所示。至此，使用表格布局网页就完成了。

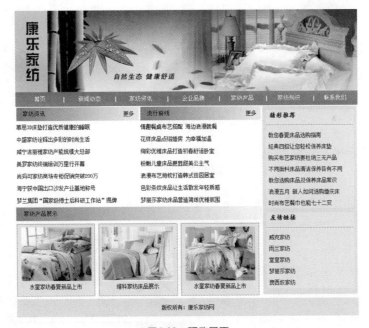

图5-22　预览网页

5.5.2　基础知识解析

1. 表格的基本操作

　　表格的基本操作主要包括表格的插入、表格元素的选取、插入/删除行与列、拆分/合并单元格、表格数据排序以及表格嵌套等。下面将进行具体介绍这些基本操作。

　　（1）表格的插入

　　在Dreamweaver CS4中，插入表格的具体操作方法如下。

01 打开一个网页文档，将光标定位在要插入表格的位置，选择【插入】>【表格】命令，如图5-23所示。

图5-23　打开网页

02 在弹出的【表格】对话框中设置表格大小为3行1列，表格宽度为100%，边框粗细为0像素，如图5-24所示，然后单击【确定】按钮。

03 在网页中显示出插入的3行1列表格，如图5-25所示。

图5-24　设置参数

图5-25　显示插入的表格

小知识：插入表格、显示表格边框

此外，还可以通过"插入"面板的"常用"类别中的【表格】按钮来插入表格，如图5-26所示。

若表格边框为0时，要查看表格单元格和边框，可选择【查看】>【可视化助理】>【表格边框】命令。

图5-26　【表格】按钮

（2）表格元素的选取

表格元素包括行、列、单元格3种，选取的方法各不相同，下面就这3种元素的选取方式进行详细介绍。

①选取行或列

要选取某一行或某一列，只需将鼠标光标移至要选择的行左侧或列上方，待光标变成向右黑箭头或向下黑箭头并且被选行或列的单元格边框呈红色亮线时，单击鼠标即可，如图5-27和图5-28所示。

图5-27　选中行

图5-28　选中列

要选取连续的多行或多列时，只需在要选择的第一行或第一列处按下鼠标并继续拖动即可实现，或者单击第一行或列的第一个单元格时，按住【Shift】键，再单击要选择的最后一行或列的最后一个单元格即可选中要选的行或列，如图5-29所示。

要选择不连续的多行或多列时，只需按住【Crtl】键，单击需要选择的行或列即可，如图5-30所示。

图5-29　选择连续的多行或多列　　　　　　图5-30　选择不连续的多行或多列

②选取单元格

按住【Ctrl】键并单击某个单元格可以选中该单元格，或者选择"标签选择器"中的<td>标签也可以选中该单元格，如图5-31所示。

选择相邻的单元格，只需在要选择的第一个单元格处按下鼠标并继续拖动即可实现，还可以在单击第一个单元格时，按住【Shift】键，再单击要选择的最后一个单元格即可选中，如图5-32所示。按住【Ctrl】键，单击某个已选中的单元格可以取消该单元格的选中状态。

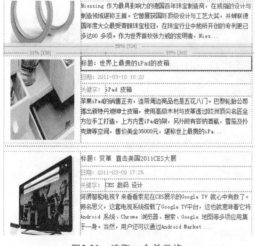
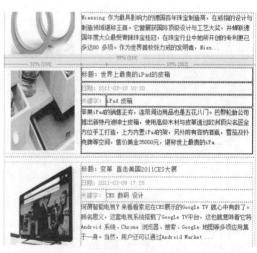

图5-31　选取一个单元格　　　　　　　　　图5-32　选取相邻的单元格

要选取不连续的单元格时，只需按住【Crtl】键，然后单击需要选择的单元格即可实现，如图5-33所示。

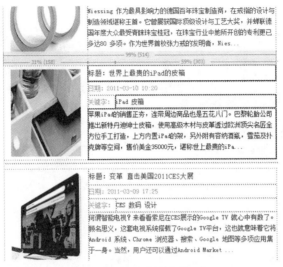

图5-33　选取不相邻的单元格

③选取整个表格

选取整个表格，可以按照下面的5种方法进行选择。

❖ 将鼠标移至表格的左上角、顶端或底端的任意位置，当鼠标变成如图5-34所示的网格图标时，单击鼠标即可。

图5-34　选取整个表格

❖ 将鼠标移至表格的行或列的边框，待鼠标变成如图5-35所示的平行线图标时，单击鼠标即可。

图5-35　选取整个表格

❖ 单击表格中的任意一个单元格，再在选择状态栏的标签选择器中单击<table>标签，如图
5-36所示。

图5-36　单击标签选取整个表格

❖ 单击表格中的任意一个单元格，然后选择【修改】>【表格】>【选择表格】命令，选中表
格，如图5-37所示。

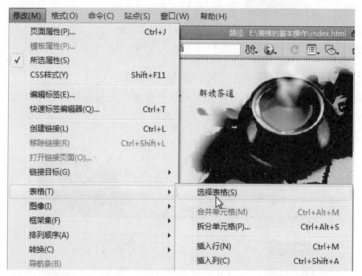

图5-37　使用菜单命令选取整个表格

❖ 使用标题菜单选择整个表格。将光标定位在任一单元格中，单击表格标题处，在弹出的菜
单中选择【选择表格】命令，如图5-38所示。

图5-38　使用标题菜单选择整个表格

（3）行与列的插入与删除

插入和删除表格的行与列是Dreamweaver CS4中常见的操作之一。用户在插入表格时，难免会算错表格的行数或列数，而使用插入和删除行或列命令来弥补是最便捷的方法。

① 单行或单列的插入

✣ 在表格中单击鼠标右键，在弹出的快捷菜单中，选择【表格】>【插入行】或【插入列】命令，如图5-39所示，即可在当前行上方新增加一行或在当前列左侧新增加一列。

✣ 通过菜单也可以插入行或列。选择【修改】>【表格】>【插入行】或【插入列】命令，如图5-40所示，则在当前光标位置的下方新增加一行或在左侧新增加一列。

图5-39　插入单行

图5-40　插入单行

② 多行或多列的插入

将光标移动到要增加行或列的位置，单击鼠标右键，从弹出的快捷菜单中选择【插入行或列】命令，在打开的【插入行或列】对话框中设置要插入的多行或多列。具体操作方法如下。

01 在表格中单击鼠标右键，选择【表格】>【插入行或列】命令，如图5-41所示。

图5-41　表格/插入行或列

02 打开【插入行或列】对话框，设置要插入行数为"3"，位置为"所选之下"，如图5-42所示，然后单击【确定】按钮。在网页中显示在下方插入的3行，如图5-43所示。

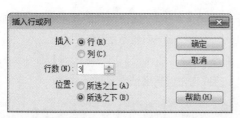

图5-42　【插入行或列】对话框　　　　　　　　　　　图5-43　插入的3行

小知识： 通过"属性"面板插入多行或多列

　　在表格"属性"面板中，增加"行"或"列"文本框中的数值也可以插入多行或多列，只是新增加的行或列显示在表格的最下方或最右侧。

③行或列的删除

行或列的删除主要有以下3种方法。

✤ 选中要删除的行或列，按【Delete】键即可。

✤ 选中要删除的行或列后，单击鼠标右键，从弹出的快捷菜单中选择【删除行】或【删除列】命令即可，如图5-44、图5-45所示。

图5-44　【删除行】命令　　　　　　　　　　　图5-45　【删除列】命令

✤ 在"属性"面板中，减少"行"或"列"文本框中的数值可以删除多行或多列，此操作将删除表格最下方的行或最右侧的列。

（4）调整表格、单元格的大小

　　在网页文档中插入表格后，若要改变表格的高度（或宽度），可以先选中表格，当出现3个控制点后将鼠标指针移至控制点上，当鼠标指针变成如图5-46所示的形状时，按住鼠标左键并拖动鼠标即可。

若要改变单元格的高度（或宽度），将鼠标指针移至单元格的边框处，当鼠标指针变成如图5-47所示的形状时，按住鼠标左键并拖动鼠标即可。

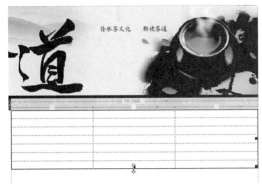

图5-46　改变表格的高度

图5-47　改变单元格的高度

此外，用户还可以在"属性"面板中改变单元格的"高"与"宽"的值。

（5）拆分和合并单元格

利用Dreamweaver CS4直接创建的表格往往不能满足用户的需求，因此，在实际操作中，还需要对单元格进行拆分和合并操作。

①拆分单元格

将光标定位在要拆分的单元格中，单击单元格"属性"面板中的【拆分单元格】按钮，在【拆分单元格】对话框中，设置需要拆分的行数或列数，如图5-48所示。

图5-48　【拆分单元格】对话框

小知识：其他拆分单元格的方法

选中要拆分的单元格，单击鼠标右键，选择【表格】>【拆分单元格】命令，也可以打开【拆分单元格】对话框。

通过菜单拆分单元格，选择【修改】>【表格】>【拆分单元格】命令，打开【拆分单元格】对话框，从中设置拆分单元格的操作。

②合并单元格

在Dreamweaver中可以合并任意多个连续的单元格，选中需要合并的相邻单元格，单击"属性"面板中的【合并单元格】按钮□即可，如图5-49、图5-50所示。

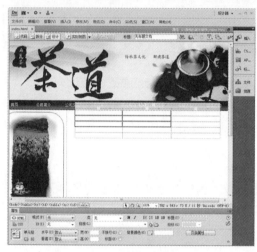

图5-49　单元格合并前　　　　　　　　　　　　图5-50　单元格合并后

此外，通过菜单也可以进行单元格的合并操作，即执行【修改】>【表格】>【合并单元格】命令。

 小知识：合并后单元格的变化

合并前单元格的内容将被放置在合并后的单元格内，合并后单元格的属性将和合并前所选的第一个单元格属性相同。

（6）表格数据的排序

在Dreamweaver中可以对表格数据进行排序，其具体操作如下。

01 在Dreamweaver CS4中，打开一个带有表格数据的文件，如图5-51所示。选择【命令】>【排序表格】命令，如图5-52所示。

图5-51 打开网页

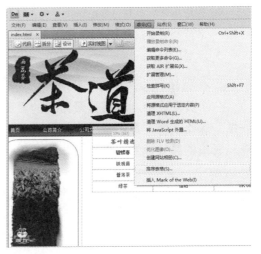

图5-52 命令/排序表格

02 打开【排序表格】对话框，设置排序依据的列数以及排序的方式等，如图5-53所示，设置完成后，单击【确定】按钮。

03 页面中显示出按第三列数字降序排序的结果，如图5-54所示。

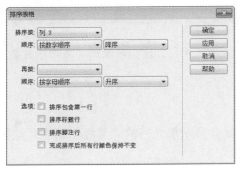

图5-53 【排序表格】对话框

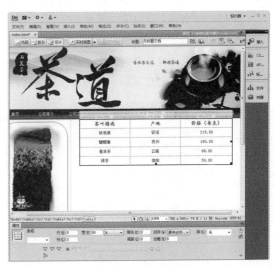

图5-54 显示排序结果

在【排序表格】对话框中，"选项"列表各含义如下。

✤ 排序包含第一行：排序时包括表格的第一行。若第一行是不应移动的标题，则不要选择此选项。

✤ 排序标题行：对表格的thead部分（如果有）中的所有行按照与主体行相同的条件进行排序。（注意：在排序后，thead行将保留在thead部分并仍显示在表格的顶部。）

✤ 排序脚注行：对表格的tfoot部分（如果有）中的所有行按照与主体行相同的条件进行排序。（注意：在排序后，tfoot行将保留在tfoot部分并仍显示在表格的底部。）

❖ 完成排序后所有行颜色保持不变：排序之后表格行属性——颜色应该与同一内容保持一致。若表格行使用两种交替的颜色，请不要选择此选项，这样可以确保排序后的表格仍有颜色交替的行。

2. 设置表格属性

在网页设计中，表格是最常用的页面元素之一，表格几乎可以实现任何想要的排版效果。除此之外，灵活设置表格的背景、框线、背景图像等属性还可以使得页面更加美观，表格的属性设置可以通过表格属性面板来完成。如图5-55所示为表格的"属性"面板。

图5-55 表格的"属性"面板

（1）设置整个表格的属性

选中要设置的表格，在其"属性"面板中设置表格参数即可。此外，在"属性"面板的左下侧有4个按钮，分别介绍如下。

❖ 【清除列宽】按钮：清除表格的宽度。

❖ 【将表格宽度转换成像素】按钮：用于把表格的宽度单位改为像素。

❖ 【将表格宽度转换成百分比】按钮：用于把表格的宽度单位改为百分比。

❖ 【清除行高】按钮：清除表格的高度。

> **小知识：表格宽度的单位**
>
> 当表格宽度取像素为单位时，表格将是固定大小；用百分比为单位时，表格将会随浏览器窗口的大小改变而改变。

（2）设置行、列和单元格的属性

将光标置于表格的某个单元格中，页面下方就会显示单元格的"属性"面板，如图5-56所示。

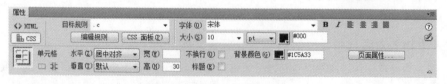

图5-56 单元格的"属性"面板

其中，常用属性各选项含义如下。

❖ 【合并单元格】按钮和【拆分单元格】按钮：用于合并和拆分单元格。

❖ 水平：设置表格的单元格、行或列中内容的水平对齐方式，包括默认、左对齐、居中对齐、右对齐4种。

❖ 垂直：设置表格的单元格、行或列中内容的垂直对齐方式，包括默认、顶端、居中、底部、基线5种。

❖ 不换行：选中该选项后，浏览器将把选中单元格的内容显示在同一行中。

小知识：优先级别

单元格格式设置优先于行或列格式设置，行或列格式设置优先于表格格式设置。

3．导入/导出表格式数据

在Dreamweaver CS4中，设计者不仅可以方便地导入表格式数据到当前网页文档，而且还可以把当前文档的表格导出到一个文本文件中，导出后以表格式数据存放，从而大大减轻了处理表格数据时的工作量。表格式数据是指数据以行列方式排列，像表格一样，每个数据之间用制表符、冒号、逗号或分号等符号来隔开。

（1）导入表格式数据

导入表格式数据的具体操作如下。

01 将光标移至需要导出表格式数据的位置，在"插入"面板中，单击【导入表格式数据】按钮，如图5-57所示。

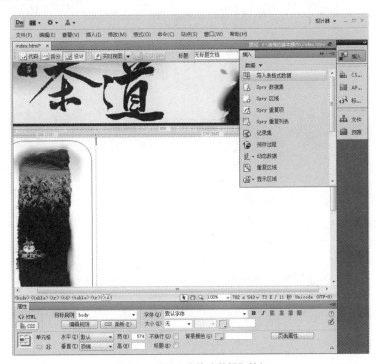

图5-57 【导入表格式数据】按钮

02 打开【导入表格式数据】对话框，单击"数据文件"文本框后面的【浏览】按钮，选择数据文件，如图5-58所示，然后单击【确定】按钮。此时，网页中显示出导入的数据，如图5-59所示。

图5-58　选择数据文件及设置参数　　　　图5-59　显示出导入的数据

（2）导出表格式数据

导出表格式数据的具体操作步骤如下。

① 将光标移至需要导出表格式数据的位置，选择【文件】>【导出】>【表格命令】，如图5-60所示。

图5-60　文件/导出/表格

② 打开【导出表格】对话框，设置"定界符"和"换行符"，如图5-61所示，然后单击【导出】按钮。

③ 在弹出的【表格导出为】对话框中，选择存放导出文件的路径和名称，如图5-62所示，然后单击【保存】按钮即可。

图5-61 【导出表格】对话框　　　　　　　　图5-62 保存导出的数据

5.6 能力拓展

5.6.1 触类旁通——使用表格布局网页

01 运行Dreamweaver CS4，新建网页文档，单击"插入"面板中的【表格】按钮，插入一个1行1列的表格，表格宽度为800像素，如图5-63所示。

02 在"属性"面板中，设置该表格的对齐方式为"居中对齐"，并在其中插入图像素材，如图5-64所示。

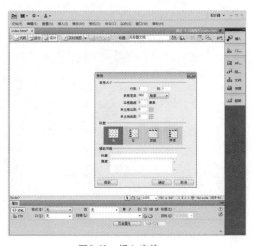

图5-63 插入表格　　　　　　　　　　　图5-64 插入图像

03 在Logo下方插入一个1行7列的表格，表格宽度为800像素，边框粗细为1像素，并设置其居中对齐，如图5-65所示。

04 选中表格，打开【快速标签编辑器】，添加设置立体导航栏效果的代码："height="30" bgcolor="#D8E4D8" bordercolor="#ffffff" bordercolorlight="#000000""，如图5-66所示。

图5-65　插入表格

图5-66　添加代码

05 在各单元格内输入导航内容，设置对齐方式为"居中对齐"，如图5-67所示。

06 将光标定位在该单元格内，切换到"拆分"视图，在<td>标签内添加如下代码（该代码的功能用于设置变色单元格）："onMouseMove="this.style. backgroundColor='#cccc66'" onMouseOut="this.style.backgroundColor='#D8E4D8'""，如图5-68所示。使用同样的方法，依次设置导航栏中的其他按钮。

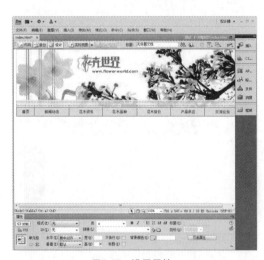

图5-67　设置属性

图5-68　添加代码

07 在如图5-69所示的位置处插入一个1行1列的表格，表格宽度为800像素，对齐方式为"居中对齐"。再在其中嵌套一个1行2列的表格，并调整单元格的高与列宽，用于主体部分的制作。

08 在左侧单元格中插入一个3行1列的表格，表格宽度为100%，如图5-70所示。

图5-69　插入表格、设置属性

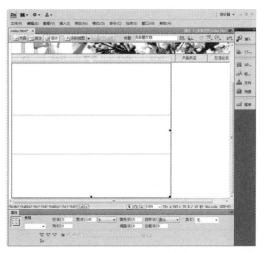

图5-70　插入3行1列表格

09 在如图5-71所示的位置处插入一个7行2列的表格，表格宽度为100%，单元格间距为2像素，单元格的高均为25像素，并合第一列的7个单元格，然后插入图像。

10 将第二列中的单元格都拆分为2列，输入文本内容，如图5-72所示。使用同样的方法布局另外两个模块。

图5-71　插入7行2列表格、设置属性

图5-72　拆分单元格、输入文本

11 在如图5-73所示的位置处插入一个6行4列的表格，表格宽度为100%，设置单元格的高均为25像素，并输入文本内容。

12 选中表格，在"属性"面板中，设置"边框"和"填充"分别为"0"，"间距"为"1"，在【快速标签编辑器】中添加代码："bgcolor="#000000""，如图5-74所示。

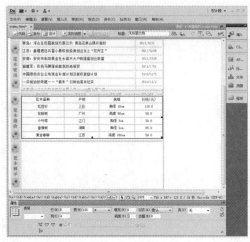

图5-73　插入6行4列表格、设置属性

图5-74　添加代码

⑬ 选择所有的单元格，在单元格"属性"面板的"背景颜色"文本框中输入
　 "#FFFFFF"，如图5-75所示。至此细线表格就制作完成了。

⑭ 在下面的区域中，插入一个1行3列的表格，表格宽度设置为100%，其对齐方式设
　 置为"居中对齐"。选择表格，在"属性"面板中设置"边框"为"1"，并删除
　 "间距"和"填充"文本框中的值，打开【快速标签编辑器】，添加如下代码：
　 "bordercolor="#000000""，如图5-76所示。

图5-75　设置背景颜色

图5-76　插入表格、设置属性

⑮ 选中单元格，右键单击"<td>"标签，选择【快速标签编辑器】命令，在"编辑标
　 签"中添加代码"bordercolor="#ffffff""，如图5-77所示。

⑯ 使用同样的方法，依次设置其他的单元格，并插入素材图片，如图5-78所示。

图5-77 添加代码

图5-78 插入图像

⑰ 在网页的右侧单元格中插入一个3行1列的表格，表格宽度为100%，单元格间距为2
像素。设置该表格的第一个单元格属性，并输入文本；在第二个单元格中插入一条
水平线；在第三个单元格中插入图像素材，如图5-79所示。

⑱ 在网页最底部插入一个1行1列的表格，表格宽度为800像素，设置其行高为40像素，
背景颜色为"#D8E4D8"，居中对齐，然后输入文本内容，如图5-80所示。至此，
使用表格布局网页设置完成。

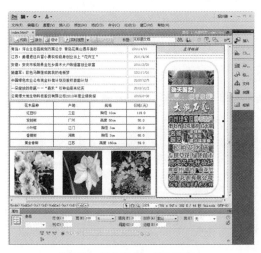

图5-79 插入表格、插入元素

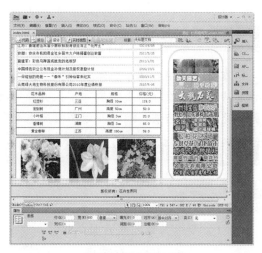

图5-80 制作版权信息

5.6.2 商业应用

　　表格是网页排版的常用工具，使用表格可以对网页中的文本、图像等元素进行准确
的定位。从我们浏览过的网页来看，不管是个人网页还是公司网页，甚至是大型门户网
页，都有一个共同点，那就是都要求页面布局清晰明了、层次分明，能够将有用的信息
迅速传达给访问者。如图5-81所示的中国财经金融门户网，该页面布局层次分明，条理
性强。

图5-81　中国财经金融门户网

5.7　本章小结

　　本章以使用表格布局网页为例，向读者介绍了表格的相关知识，通过本章的学习，读者应了解表格在网页中的作用，并熟练掌握表格的基本操作、表格属性的设置以及特殊表格的制作方法，能够使用表格灵活地布局网页。

5.8　认证必备知识

单项选择题

　　（1）要设置单元格背景，除了可以在设计视图中选择单元之外，还可以选择以下_____标签进行设置。

　　　　A．<TD>　　　　B．<TR>　　　　C．<P>　　　　D．<Table>

　　（2）在表格中依次设置了表格背景、行背景和单元格背景，以下说法中正确的是_____。

　　　　A．单元格和行的背景无法显示　　B．颜色将是这几种颜色的混合模式

　　　　C．只显示单元格背景　　　　　　D．只显示行的背景

多项选择题

（1）下面可以在表格中插入的有_____。

    A．图像　　　　　　　　　　B．视频媒体文件

    C．PSD文件　　　　　　　　D．动画文件

（2）在Dreamweaver中，关于拆分单元格的操作正确的有_____。

    A．将光标定位在要拆分的单元格中，单击"属性"面板中的 ╫ 按钮

    B．将光标定位在要拆分的单元格中，选择【修改】>【表格】>【拆分单元格】命令

    C．可以将单元格拆分为行，也可以拆分为列

    D．拆分单元格只能把一个单元格拆分成两个

判断题

（1）在Dreamweaver中，表格不仅可以处理数据，还可以进行网页排版。_____

    A．正确　　　　　　　　　　B．错误

（2）单元格格式设置优先于行或列格式设置，行或列格式设置优先于表格格式设置。_____

    A．正确　　　　　　　　　　B．错误

第6章 层的应用

6.1 任务题目

通过层制作网页效果（如弹出式菜单），掌握层的基本操作与排版，包括层的创建、层的属性设置以及层与表格的转换等。

6.2 任务导入

版面布局是网页设计中一项非常重要的内容，一个网页在视觉上给人的感觉，关键取决于页面布局的设计。Dreamweaver CS4提供了多种页面布局的工具，如表格、框架及层等。第5章我们学习了使用表格布局网页，本章将通过具体的实例，详细介绍层在网页中的应用。

6.3 任务分析

1．目的

了解层的概念，掌握层的基本操作，包括层的创建、属性的设置等，掌握层与表格的转换操作。

2．重点

（1）层的基本操作。

（2）层与表格的转换。

（3）层的控制。

3．难点

（1）层的属性设置。

（2）层的应用。

6.4 技能目标

（1）掌握层的基本操作。

（2）能够利用层排版网页以及制作特殊网页效果。

6.5 任务讲析

6.5.1 实例演练——弹出式菜单的制作

01 运行Dreamweaver CS4，打开一个需要制作弹出式菜单的网页文档（素材\第6章\弹出式菜单\index.html），选择导航栏中的"家纺资讯"字样，在"属性"面板的【链接】文本框中输入"#"号，为其建立空链接，如图6-1所示。

02 打开"插入"面板，单击"布局"选项中的【绘制AP Div】按钮，在其下方绘制2个层，如图6-2所示。

> **小知识：绘制注意事项**
>
> 利用层实现菜单弹出效果，是利用鼠标的相应事件来实现的，层与层之间如果存在距离，将很难实现菜单效果。所以应该特别注意，让导航文字所在的单元格与层之间以及两层之间尽量没有距离。

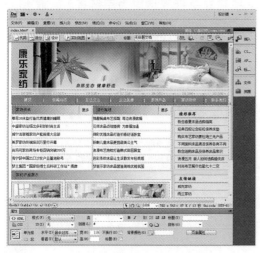

图6-1 为文本建立空链接

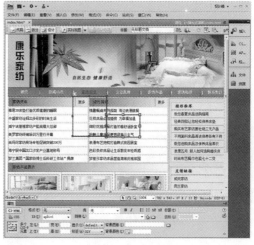

图6-2 绘制AP Div

03 选择"apDiv1"，在"属性"面板中设置该层宽度和高度均为110像素，背景颜色为"#29837A"，如图6-3所示。

04 选择"apDiv2"，在"属性"面板中设置该层宽度和高度分别为110像素和81像素，背景颜色为"#29837A"，如图6-4所示。

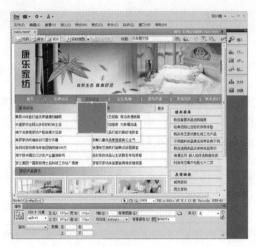

图6-3　设置apDiv1属性　　　　　　　　　图6-4　设置apDiv2属性

05 在apDiv1中插入一个4行1列的表格，宽度为110像素，设置每个单元格的高度为25像素，间距为2像素，背景颜色为"#CBE0CD"，如图6-5所示。

06 在表格中输入相应的菜单项，并为每个菜单项建立链接（这里为空链接）。使用同样的方法，在apDiv2中插入3行1列的表格，设置表格宽度为100像素，间距为2像素，并表格中输入文本，如图6-6所示。

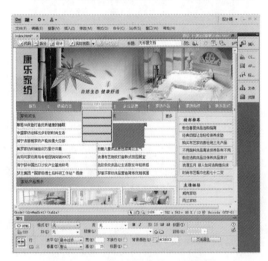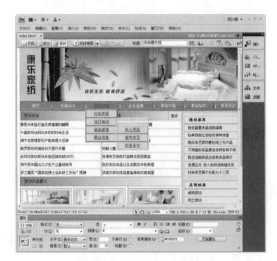

图6-5　插入4行1列的表格、设置属性　　　　　　图6-6　输入文本、建立空链接

07 选择【窗口】>【行为】命令，打开"行为"面板，选中"家纺资讯"文本所在的单元格，单击【添加行为】按钮，在弹出的菜单中选择【显示/隐藏元素】命令，如图6-7所示。

08 打开【显示-隐藏元素】对话框，单击【显示】按钮，然后再单击【确定】按钮，如图6-8所示。

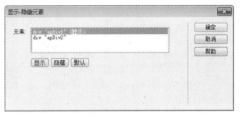

图6-7　选择【显示/隐藏元素】命令　　　　　　　　　图6-8　【显示-隐藏元素】对话框

09 在页面中可以看到"行为"面板中添加了一个"显示-隐藏元素"的行为，事件为onFocus，单击"事件"旁的下拉列表框，将其更改为onMouseOver，如图6-9所示。

10 再次添加行为事件，打开【显示-隐藏元素】对话框，单击【隐藏】按钮，然后单击【确定】按钮，如图6-10所示。

图6-9　添加事件行为　　　　　　　　　　　图6-10　"显示-隐藏元素"对话框

11 在"行为"面板中，将事件onFocus更改为"onMouseOut"，这样，导航文字"家纺资讯"的行为就建立完成了，如图6-11所示。

12 选择层apDiv1，用相同的方法设置其行为，事件为"onMouseOver"时显示层；事件为"onMouseOut"时隐藏层，如图6-12所示。

图6-11　导航单元格的行为建立完成　　　　　　　　　图6-12　为apDiv1添加事件行为

⑬ 将光标定位在apDiv1中的第三个单元格，单击"标签选取器"中的"<td>"标签，选择该单元格，为该单元格添加事件行为，事件为"onMouseOver"时显示层apDiv2，事件为"onMouseOut"时隐藏层apDiv2，如图6-13所示。

图6-13　为单元格添加事件行为

⑭ 选择层apDiv2，为该层添加行为，事件为"onMouseOver"时，设置"apDiv1"、"apDiv2"层显示，如图6-14所示。

⑮ 事件为"onMouseOut"时，设置层"apDiv1"、"apDiv2"层和"apDiv2"层隐藏，如图6-15所示。

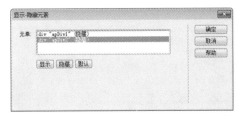

图6-14 设置"apDiv1"、"apDiv2"显示　　　　图6-15设置"apDiv1"、"apDiv2"隐藏

⑯ 打开"AP元素"面板，单击"名称"前的眼睛图标，将层设置为隐藏状态，如图6-16所示。

⑰ 保存文件，按【F12】快捷键预览网页，效果如图6-17所示。

图6-16 设置层为隐藏状态　　　　　图6-17 预览网页

6.5.2 基础知识解析

1. 层的基本操作

层是网页布局中一个重要的工具，相对于表格来说，层更具有灵活性，可以弥补表格布局过程中繁琐的定位操作。层中可以放置文本、图像和动画等多种页面元素，利用它很容易定位页面中元素的位置。下面具体介绍这些基本操作。

（1）层的创建

层最基本的作用就是定位网页元素的位置，下面将用一个实例来讲解如何创建层以及利用层来定位网页元素，具体操作方法如下。

① 打开一个网页文档，单击"插入"面板的"布局"类别中【绘制AP Div】按钮，如图6-18所示。

02 在要插入层的位置处拖动鼠标，拖曳一个合适大小的区域，并在该区域中插入一个层，如图6-19所示。

图6-18　打开网页

图6-19　插入层

03 将光标定位在层中，选择【插入】>【图像】命令，在弹出的【选择图像源文件】对话框中，选择图像素材，单击【确定】按钮，即可在该层中插入图像，如图6-20所示。

04 选择层，在"属性"面板中设置层的宽和高的与图像大小相同，如图6-21所示。

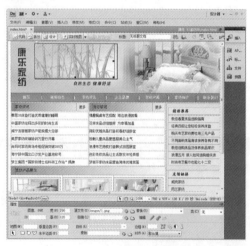

图6-20　在层中插入图像

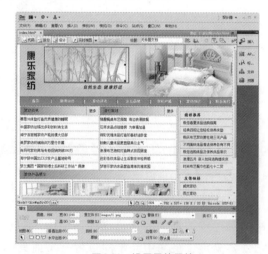

图6-21　设置层的属性

小知识：移动层、连续绘制层

　　当鼠标靠近层时，变成十字星形，这样能随意移动层的位置。按住【Ctrl】键不放，可以连续绘制多个层。可以在层中插入影片媒体、Flash和表格等元素。拖动层则可以方便地定位这些元素的位置。

05 保存文件，按【F12】快捷键预览网页，效果如图6-22所示。

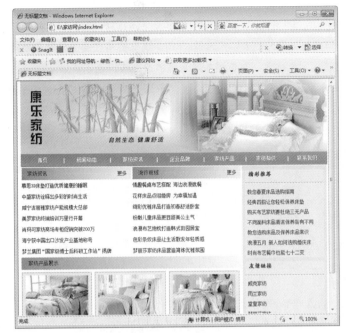

图6-22　预览网页

（2）层的属性

与其他对象一样，层也有"属性"面板，在"属性"面板中可以分别对每个层或几个层进行单独设置。选择一个层对象，在页面下方可以看到其属性面板，如图6-23所示。

图6-23　层的"属性"面板

层"属性"面板中，各选项的含义如下。

✤ **CSS-P元素**：用于设置层的名称，当一个页面使用的层比较多时，设置层的名称是很有必要的。

✤ **左（L）和上（T）**：分别用来设置层的左边界到浏览器左边框和层的上边界到浏览器上边框的距离，可以直接输入数值，单位为像素。

✤ **宽（W）和高（H）**：分别用来设置层的宽度和高度，可直接输入数值，单位为像素。

✤ **Z轴（Z）**：用于设置层的Z轴，可以输入数值，这个数值可以是负值。当层重叠时，Z值大的层将在最表面显示，覆盖或部分覆盖Z值小的层。

✤ **背景图像（I）**：用于设置一个层的背景图像，可填入背景图像的路径，也可以单击其后的【浏览】▭按钮，然后在弹出的【选择图像源文件】对话框中选择需要的图像。

✤ **可见性**：用于设置层的可视属性。

❖ 背景颜色：用于设置层的背景颜色。

❖ 溢出：当层的内容超过层的指定大小时，用来设置层内容的显示方法。包含4个选项，Visible、hidden、scroll和auto。选择Visible，层的边界会自动延伸以适应层的内容；选择hidden，将隐藏超出部分的内容；选择scroll，浏览器将在层上添加滚动条；选择auto，在当层的内容超过指定大小时，浏览器才显示层的滚动条，否则不显示。

❖ 剪辑：用来设置层的可见区域。层经过"剪辑"后，只有指定的矩形区域才是可见的，"左"、"右"文本框用来设置这个可见区域的左、右边界距离层左边界的距离；"上"、"下"文本框用来设置这个可见区域的上、下边界距离层上边界的距离。

🌀 **小知识：层的次序**

在默认情况下，层的次序是按照插入的先后顺序进行叠放的，即先插入的层在最底层，在层的"属性"面板中，利用"Z轴"来表示层的顺序，数字最大的在最上层，最小的在最低层。若要改变它们的顺序，只需改变数值的顺序即可。

（3）层的嵌套

在表格中可以插入嵌套表格，同样在层中也可以插入子层，从而形成嵌套关系，通过嵌套层可以把多个层组合成一个整体，具体操作步骤如下。

01 打开一个网页文档，将光标定位在需要创建层的位置，单击"插入"面板"布局"类别中的【绘制AP Div】按钮，如图6-24所示。

02 在需要插入层的位置处利用鼠标拖动一个合适大小的区域，在区域中绘制一个名为"apDiv1"的层，如图6-25所示。

图6-24　选择【绘制AP Div】按钮

图6-25　绘制apDiv1层

03 将光标定位在该层中，选择【插入】>【布局对象】>【AP Div】命令，如图6-26所示，在该层中插入一个名为"apDiv2"的层，如图6-27所示。

图6-26 选择AP Div命令

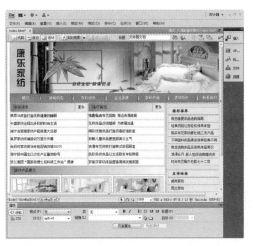

图6-27 嵌套apDiv2层

04 单击apDiv2层的边框，移动一下位置，可以将两个层错开一点距离，但当选择apDiv1层并移动一段距离时，发现apDiv2层也跟着移动，如图6-28、图6-29所示。

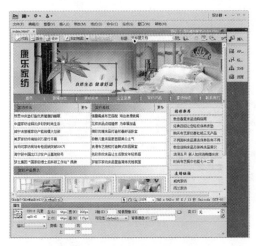

图6-28 移动apDiv2的效果

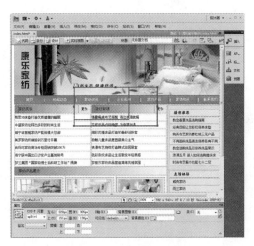

图6-29 移动apDiv1的效果

05 选择【窗口】>【AP元素】命令，打开"AP 元素"面板，可以看到两个层的嵌套关系，如图6-30所示。

图6-30 两个层的嵌套关系

小知识：建立嵌套关系

对于两个没有嵌套关系的层，如果apDiv1和apDiv2要建立嵌套关系，则可以选择层面板中的apDiv2层，按住【Ctrl】键不放，将该层拖至层apDiv1下，释放鼠标即完成了两层的嵌套关系，按住apDiv2层不放，将其拖至层apDiv1之上，即可取消两层的嵌套关系。

2. 使用层进行网页排版

在Dreamweaver CS4中，布局模式有两种，一种是标准模式，一种是扩展模式。熟悉这些布局模式的特点，将有助于更好地掌握层的应用。下面将对这两种模式的区别和联系作简单介绍。

标准模式是最常用的一种网页编辑模式，也是最接近实际效果的模式，在Dreamweaver CS4中，用鼠标在层内单击或者调整单元格列宽时，会发现随时出现的宽度提示，告诉用户有关层的信息，如图6-31所示。

图6-31　标准视图下的表格

扩展模式对表格布局的网页效果明显，它是针对用户在选择比较小的表格或单元格时的显示模式。在该模式下，表格的框线和间距会变得特别粗大，目的是让读者方便选择较小的单元格及内容，如图6-32所示。

图6-32 扩展视图下的表格

（1）在标准模式下对网页进行排版

在标准模式下对网页进行排版的具体操作步骤如下。

01 打开一个网页文档，将光标定位在需要创建层的位置处，单击"插入"面板"布局"类别中的【绘制AP Div】 ▦ 按钮，如图6-33所示。

02 在需要插入层的位置处利用鼠标拖动一个合适大小的区域，并在该区域中绘制一个名为"apDiv1"的层，如图6-34所示。

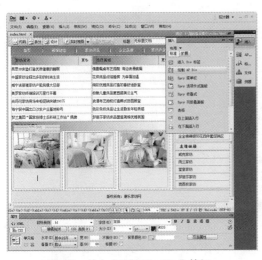
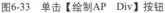

图6-33 单击【绘制AP Div】按钮

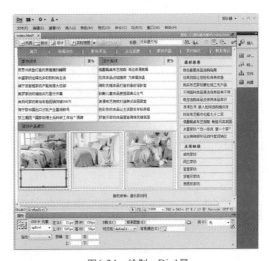

图6-34 绘制apDiv1层

03 将光标定位在层中，在该层中输入文本内容，如图6-35所示。

04 在层的"属性"面板中，设置层距左侧25px，距上部598px，并设置宽度为150px，高度为65px，然后将"溢出"设置为"auto"，如图6-36所示。

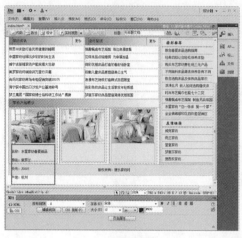

图6-35　输入文本

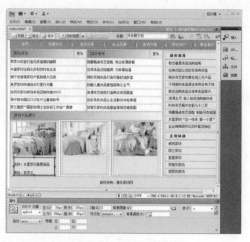

图6-36　设置层的属性

05 使用同样的方法，制作另外两幅图像的文字说明。保存文件，按【F12】快捷键预览网页，层的效果就显示出来了，拖动滚动条可以看到超出层的高度的内容，如图6-37所示。

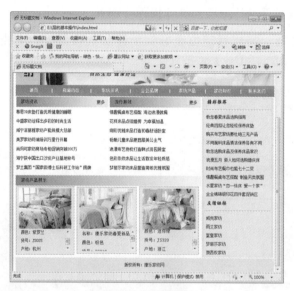

图6-37　预览网页

小知识：输入文字与设置属性的先后顺序

　　如果首先设置层的宽，高，距上边距和左边距的距离，将不能在层中输入文字，所以应先输入文字，再设置属性。

（2）层与表格的转换

　　前面介绍了在"标准"模式下排版网页，下面将介绍在"扩展"模式下如何实现层与表格的相互转换。

①将表格转换为层

01 打开网页文档，选择【修改】>【转换】>【将表格转换为AP Div】命令，如图6-38所示。

02 弹出【将表格转换为AP Div】对话框，在该对话框中进行如图6-39所示的设置，然后单击【确定】按钮。

图6-38 "将表格转换为AP Div"命令　　　　　　　图6-39 选项设置

03 此时，所有的表格均转换成了AP Div，如图6-40所示。

图6-40 将表格转换为层

②将层转换为表格

01 选择【修改】>【转换】>【将AP Div转换为表格】命令，如图6-41所示。

02 弹出【将AP Div转换为表格】对话框，在对话框中对各项进行设置，如图6-42所示，然后单击【确定】按钮。

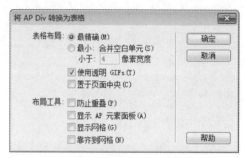

图6-41　选择【将AP　Div转换为表格】命令　　　　图6-42　【将AP　Div转换为表格】对话框

03 此时，层已被转换成为表格，如图6-43所示。

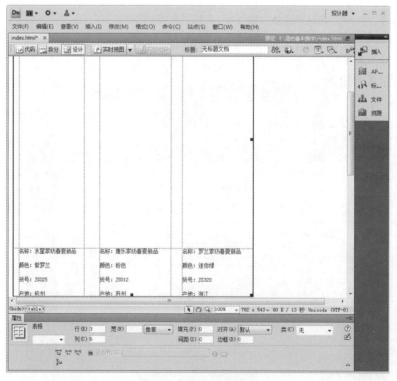

图6-43　将层转换为表格

最精确：会严格按照层的排版生成表格。

最小：设置删除宽度小于一定像素的单元格，在"像素宽度"中输入设定的像素值。

使用透明GIF：在表格中插入透明图像时起到支撑作用。

置于页面中央：让表格在页面中居中。

这种方法，只适用于排版并不复杂的页面，对于复杂的图文混排页面，最好还是采用传统的表格排版方法。

3. 层的控制

层的随意定位的特性给网页设计者带来很大的方便，但同时也带来了一定的麻烦。比如层的定位就是一个问题，有时为了让网页能够自动适应用户设置的分辨率，在网页制作过程中人们采用了百分比的设置方式。但如果用户在页面上使用了层，会发现当浏览器大小改变时，层的位置与其他元素之间就会出现错位现象，这就需要合理地使用绝对定位和相对定位了。

❖ （1）绝对定位

❖ 绝对定位（position:absolute）即层默认的定位方式，绝对于浏览器左上角的边缘开始计算定位数值。

❖ （2）相对定位

❖ 相对定位（position:relative）层的位置相对于某个元素设置，该元素位置改变，则层的位置相应改变。

对比两种定位方式，不难发现，使用相对定位的层才是真正实现设计者思想的方式，从而完全掌握层的排版。下面我们通过一个例子来看如何解决层的错位问题。

01 打开页面文档时，发现层与它的元素之间出现了错位，如图6-44所示。删除原来的层，将光标定位在要插入层的位置，设置水平、垂直对齐方式均为居中。

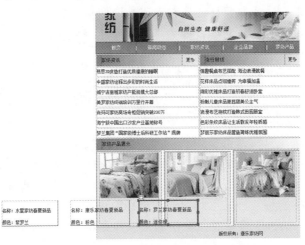

图6-44　层与对象错位

02 选择【插入】>【布局对象】>【AP Div】命令，如图6-45所示。此时这个层就是相对于该位置定位的。

03 选中该层，在"属性"面板中，层的位置栏中"左"和"上"没有数值，如图6-46所示。

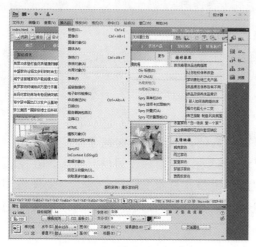
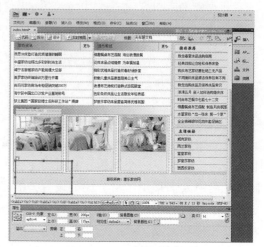

图6-45　插入AP Div　　　　　　　　　　　图6-46　层的属性

小知识：注意事项

　　1.将光标定位在层中，输入所需的文本信息。使用鼠标改变层的大小，但要注意不要移动层的位置。

　　2.采用这种方式创建的层，只可以使用鼠标调整它的大小，绝对不可以移动它的位置，也就是说，在属性面板上，层的位置栏中"左"和"上"绝对不可以有数值。

很多情况下，插入的层的位置并不一定准确，特别是Dreamweaver并非真正的所见即所得的软件，网页的排版只有到浏览器中显示才可以真正看到排版的表现，这个时候，就需要给层一个定位的参照物，让它真正地做到相对的定位。

简单的参照物可以是一个父层，即先插入一个相对定位的空白层，在此层中插入真正需要的层，而这个层是可以随意拖拉改变位置的。

另外，还可以使用CSS来实现真正的相对定位的层。

首先需要先设置一个CSS Class，来定义定位的方式为相对：

.ceng { position: relative; }

然后将这个类赋予所需的参照物（可以是table，tr，td…）。这样浏览器就会以它的左上角为原点，建立新的坐标系。再在这个参照物的下级插入层，则层绝对于该参照物定位，如果需要改变层的位置，可以直接在层的"属性"面板上输入Left、Top的数值（不能使用鼠标拖动），注意此数值的坐标原点是所指定的参照物，而不是浏览器的边缘（在Dreamweaver中编辑时，该层看起来像是绝对于页面边缘定位的，但在浏览器中，它是绝对于所指定参照物的）。

6.6 能力拓展

6.6.1 触类旁通——制作拖动层效果

01 运行Dreamweaver CS4，新建网页文档，单击"属性"面板中的【页面属性】按钮，打开【页面属性】对话框，设置网页的背景图像，如图6-47所示。

02 在网页中插入一个2行3列的表格，设置表格宽度为660像素，边框粗细与单元格间距均为2像素，如图6-48所示，设置完成后单击【确定】按钮。

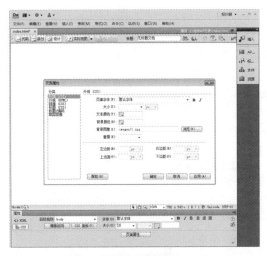

图6-47 设置页面属性

图6-48 设置表格属性

03 在"属性"面板中，设置第一行3个单元格的行高为200像素，宽为220像素；设置第二行单元格的行高为35像素，如图6-49所示。

04 在单元格中输入文本内容，并应用CSS样式，如图6-50所示。

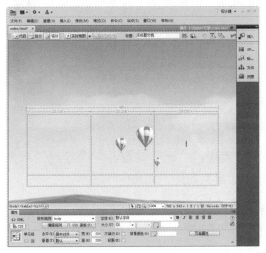

图6-49 设置行高

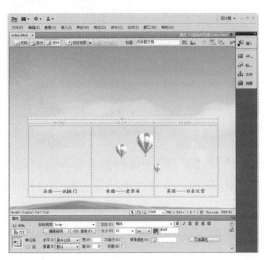

图6-50 输入文本

05 打开"插入"面板，单击"布局"类别中的【绘制AP Div】按钮，如图6-51所示。

06 在如图6-52所示的位置处绘制一个apDiv层。

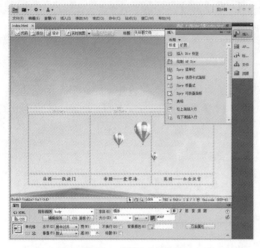

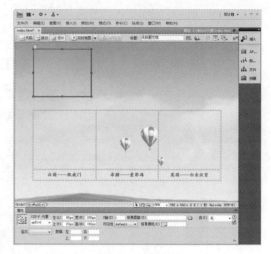

图6-51 "插入"面板　　　　　　　　　　图6-52 绘制apDiv

07 将光标定位在该层中，插入一幅图像，然后选中该层，设置层的宽、高与图像大小一致，如图6-53所示。

08 使用同样的方法，绘制另外两个层并插入图像，如图6-54所示。

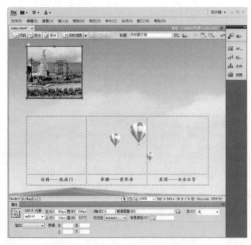

图6-53 插入图像并设置属性　　　　　　　图6-54 制作其他层

09 选择【窗口】>【行为】命令，打开"行为"面板，将光标定位在空白区域，单击 ➕ 按钮，在弹出的快捷菜单中选择【拖动Ap元素】命令，如图6-55所示。

10 弹出【拖动AP元素】对话框，单击【基本】选项卡，切换到基本选项进行设置，在"AP元素"下拉列表中选择"div"ap Div""选项，这里默认设置，如图6-56所示。

图6-55 选择【拖动AP元素】命令

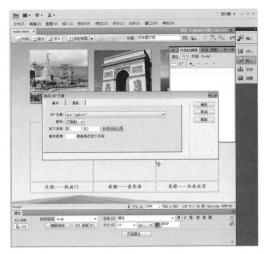

图6-56 【基本】选项设置

⑪ 单击【高级】选项卡，切换到高级选项进行设置，在"将元素置于顶层"，然后从下拉列表中选择"恢复Z轴"选项，如图6-57所示，然后单击【确定】按钮。

⑫ 这时，可以看到在"行为"面板中有一个事件为"onLoad"的行为，如图6-58所示。

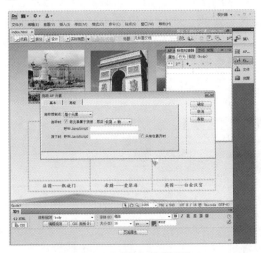

图6-57 "高级"选项设置

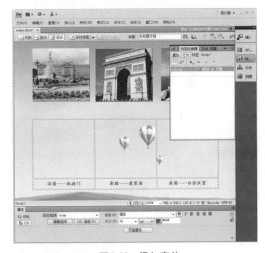

图6-58 添加事件

⑬ 使用同样的方法，为另外2个层添加行为事件，如图6-59所示。

⑭ 保存文件，按【F12】快捷键预览网页，用户可以拖动图像至表格对应的位置，如图6-60所示。

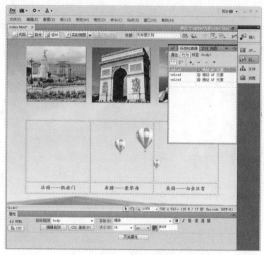

图6-59　为其他层添加行为事件　　　　　　　　　图6-60　预览网页

6.6.2　商业应用

　　层的应用很广泛，使用层可以制作出很多网页效果。用户在浏览网页时，可能遇到这样的情况，有的网页在其左侧或右侧会出现悬浮的图像、信息等内容，而且它还会随着滚动条的滚动而滚动。这种效果就是使用层来实现的，在网页设计中适当地应用这种效果，能够第一时间引起浏览者的注意，进而实现传达信息的目的。如图6-61所示的中华网左侧出现的悬浮信息为2011第十四届上海国际车展。

图6-61　中华网——网页左侧浮动图像效果

6.7 本章小结

　　本章以使用层制作弹出式菜单效果、拖动层效果为例，向读者介绍了层的相关知识。通过本章的学习，读者应了解层的概念，掌握层的基本操作、层的属性设置以及层的嵌套等。希望读者在制作网页的过程中能够熟练应用层排版网页，制作特殊网页效果。

6.8 认证必备知识

单项选择题

（1）下面关于层的说法错误的是＿＿＿＿＿＿。

　　A．层可以被准确地定位于网页的任何地方

　　B．可以规定层的大小

　　C．层与层还可以有重叠，但是不可以改变重叠的次序

　　D．可以动态设定层的可见性与否

（2）在Dreamweaver中，下面关于嵌套的层的说法错误的是＿＿＿＿＿。

　　A．子层可以超出父层　　　　　　B．子层不可以完成在父层之外

　　C．子层不可以超出父层　　　　　D．以上的说法都是错误的

多项选择题

（1）以下选项，可以放置到层中的有＿＿＿＿＿＿。

　　A．文本　　　　　B．图像　　　　　C．插件　　　　　D．层

（2）在【拖动AP元素】对话框中可以进行的设置有＿＿＿＿＿＿。

　　A．可以限制层内的某个区域响应拖动

　　B．可以限制层拖动的范围

　　C．可以使被拖动的层在距离目标指定距离时，自动吸附到目标位置

　　D．层被放置到指定位置后，不可再被拖动

判断题

（1）在Dreamweaver中，层里可以嵌套层，子层会遗传父层的特征，如可见性，位置移动等。＿＿＿＿＿

　　A．正确　　　　　　　　　　　B．错误

（2）Dreamweaver内置的"显示-隐藏元素"动作可以显示、隐藏一个或多个层，甚至还原其默认的显示状态。＿＿＿＿＿

　　A．正确　　　　　　　　　　　B．错误

第7章　框架与Spry框架的应用

7.1　任务题目

通过创建框架网页，掌握框架和框架集的创建、编辑及属性设置等。通过Spry菜单栏控件的应用，掌握使用Spry布局对象。

7.2　任务导入

Dreamweaver CS4提供了多种页面布局的工具，如表格、层与框架等。学习了使用表格、层来布局网页后，本章将通过框架网页的创建、Spry菜单栏控件的应用，详细介绍框架与Spry框架的相关知识。

7.3　任务分析

1．目的

了解框架网页的概述，掌握框架和框架集的创建方法、编辑与属性的设置等，掌握Spry布局对象的应用。

2．重点

（1）框架和框架集的创建与编辑。

（2）设置框架和框架集属性。

（3）Spry框架的应用。

3．难点

（1）框架和框架集的创建与编辑。

（2）设置框架和框架集属性。

7.4　技能目标

（1）掌握框架的基础操作。

（2）能够利用框架及Spry布局对象布局网页。

7.5 任务讲析

7.5.1 实例演练——创建框架网页

01 运行Dreamweaver CS4，单击【更多】文件夹按钮，打开【新建文档】对话框，如图7-1所示。

02 在左侧列表中选择"示例中的页"选项，选择【框架页】示例文件夹，并选择"上方固定，左侧嵌套"类型，如图7-2所示，然后单击【创建】按钮。

图7-1 运行Dreamweaver CS4

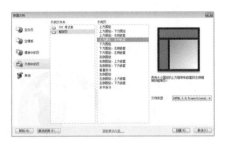

图7-2 "新建文档"对话框

03 弹出【框架标签辅助功能属性】对话框，可以为每一个框架指定一个标题，这里使用默认值，如图7-3所示，然后单击【确定】按钮。

04 此时，文档编辑窗口中就创建了一个"上方固定，左侧嵌套"的框架集。选中框架集，选择【文件】>【框架集另存为】命令，在打开的【另存为】对话框中输入文件名，单击【保存】按钮，如图7-4所示。

图7-3 "框架标签辅助功能属性"对话框

图7-4 框架集另存为

05 将光标定位在顶部框架，选择【文件】>【保存框架】命令，如图7-5所示，在弹出的【另存为】对话框中，输入文件名为"top.html"。使用同样的方法保存另外两个框架，名称分别为left.html和main.html。

图7-5　保存各个框架

06 将光标定位在顶部框架，单击"属性"面板中的【页面属性】按钮，打开【页面属性】对话框，设置该页面的上、下、左、右边距均为0，单击【确定】按钮，如图7-6所示。

图7-6　设置页面属性

07 选择【插入】>【表格】命令，打开【表格】对话框，插入一个1行1列的表格，设置边框粗细为0，如图7-7所示，然后单击【确定】按钮。再在"属性"面板中设置其对齐方式为"居中对齐"。

小知识：框架集构成

　　该框架集分为3个部分，顶部框架、左侧框架和主框架，一般在顶部框架放置网页的Logo和Banner等信息，左侧框架放置栏目列表，主框架显示具体内容。

08 将光标定位在表格中，选择【插入】>【图像】命令，在表格中插入图像。单击顶部框架边框，在"属性"面板中设置框架"行"的值与图像高度相同，如图7-8所示。

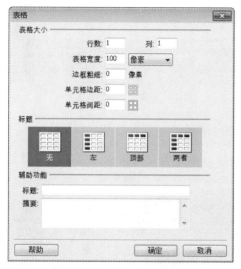

图7-7　插入表格、设置属性

图7-8　插入图像

小知识：框架集的属性

在框架集的"属性"面板中，各个参数的含义如下：

　✧　"边框"用于设置文档在浏览器中被浏览时，是否显示框架边框。

　✧　"边框宽度"用于指定当前框架集的边框宽度，输入0则为无边框。

　✧　"边框颜色"用于设置边框的颜色。

　✧　"行/列"用于设置行高或列宽，单位可以选择百分比和像素。

09 将光标定位在左框架内，并设置页面各边距均为0，然后选择【插入】>【表格】命令，插入8行1列的表格，设置表格宽度为200像素，单元格间距为4像素，边框粗细为1像素，并设置每个单元格的高度为30像素，如图7-9所示。

10 选中表格，打开【快速标签编辑器】，添加如下代码：background="images/2.jpg"。然后在各单元格内输入文本内容，并设置其水平、垂直对齐方式均为居中，如图7-10所示。

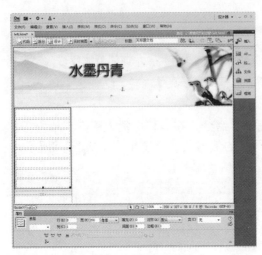

图7-9　插入表格并设置属性

图7-10　在单元格中输入文本

⑪ 将光标定位在主框架内，输入文本内容，如图7-11所示。

⑫ 选择【窗口】>【框架】命令，显示"框架"面板，单击整个框架的边框，选中框架集，如图7-12所示。

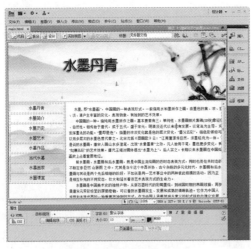

图7-11　在主框架内输入文本

图7-12　选中框架集

⑬ 单击"属性"面板中"边框"后面的下拉列表框，在下拉列表中选择"是"选项，设置边框颜色为"#96BAB6"，"边框宽度"为2。使用同样的方法，选中如图7-13所示的框架集并设置边框颜色。

小知识：框架边框

　　框架边框可选择的项目包含"是"、"否"和"默认"3个选项，框架边框的设置会优先于框架结构属性中边框的设置，但是在很多情况下，不应该让框架网页显示边框。同样，框架边框颜色的设置要优先于框架结构边框颜色的设置。框架颜色的设置会影响到相邻框架的颜色。

⑭ 打开"框架"面板，单击mainFrame框架，选择主框架，在"属性"面板取消选择"不能调整大小"复选框，并设置显示边框和滚动条，设置边界宽度、高度均为0，如图7-14所示。

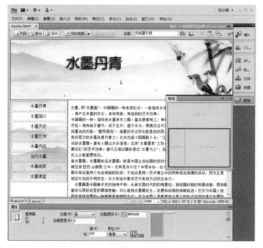
图7-13 设置边框

图7-14 设置滚动条

⑮ 选中左边框架导航栏中的"水墨作品"字样，在"属性"面板的"链接"文本框中输入链接的网页，单击"目标"后的下拉列表，选择链接打开的目标位置为"mainframe"，即主框架，如图7-15所示。

小知识：链接目标

在制作含有框架的页面时，要特别注意超链接目标（Target）属性的正确设置。一旦设置错误，将有可能失去站点的导航功能，从而导致浏览者无法正常浏览网页。

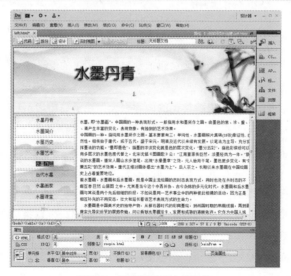
图7-15 设置框架页中的链接

⑯ 保存文件，按【F12】快捷键预览网页，效果如图7-16所示。当单击"水墨作品"链接时，所链接的页面就会在主框架内打开，如图7-17所示。

图7-16　预览网页

图7-17　单击链接

7.5.2　基础知识解析

1．框架的基本操作

框架能把Web浏览器的窗口分成几个独立的区域，每个区域可以单独显示一个网页或图像，这样可以使网页布局更合理，同时也能对网站或网页起到导航作用。下面将进行具体介绍框架的基本操作。

（1）框架的作用及优缺点

框架是一个较早出现的HTML对象，框架的作用就是把浏览器窗口划分为若干个区域，每个区域可以分别显示不同的网页。使用框架布局的网页，可以使网站的结构更加清晰。

框架的使用如此广泛，是因为框架有很多优点，具体优点如下：

❖ 访问者的浏览器不需要为每个页面重新加载与导航相关的图形，这样就加快了网页的下载速度。

❖ 每个框架都具有滚动条（如果框架中的内容太大，在窗口中显示不下），访问者可以独立滚动这些框架。

每个工具都有其不可避免的缺点，框架也不例外。框架的缺点如下：

❖ 框架难以实现不同框架中各元素的精确图形对齐，特别是在不同机器中采用不同分辨率浏览网页时，对于不熟悉框架的制作者更有难度。

❖ 对导航进行测试很耗时间，因为导航需要决定链接在哪一个框架页和采用哪种链接方式。这些都要经过反复的调试。

❖ 各个带有框架页面的URL不显示在浏览器中，因此访问者可能难以将特定页面设为收藏，因为收藏到的网页是整个框架集的URL地址，而不是当前某个框架页的地址。

（2）编辑框架

框架技术由框架集和框架两部分组成，所谓框架集，就是框架的集合。它是在一个文档窗口显示多个页面文档的框架结构，而框架则是框架集中显示出来的网页文档，在框架集中显示的每个框架都是一个独立的网页文档。

框架创建好以后，可以通过其"属性"面板对框架的样式进行定义，如设置边框，添加滚动条等。

编辑框架是对框架进行拆分和删除操作，具体操作步骤如下。

01 打开一个框架集文件，选择【窗口】>【框架】命令，打开"框架"面板，如图7-18所示。

02 单击框架边界，选中框架集，如图7-19所示。

图7-18 打开"框架"面板

图7-19 选中框架集

03 将鼠标指针放在上框架和主框架中间的边框上，变为上下拉伸形状时↕，按住【Alt】键并向下拖动鼠标，然后释放鼠标即可产生一个新的框架页面，如图7-20所示。

04 打开"框架"面板，选中生成的新框架，在其"属性"面板的"框架名称"文本框中输入框架名"new Frame"，如图7-21所示。

图7-20 产生新框架页面

图7-21 命名新框架

05 在新框架中输入文字内容，按【F12】快捷键预览网页，如图7-22所示。

图7-22　预览网页

06 利用鼠标拖动该框架的边框，将其拖至其复框架边框上时释放鼠标，该框架即被删除，如图7-23、图7-24所示。

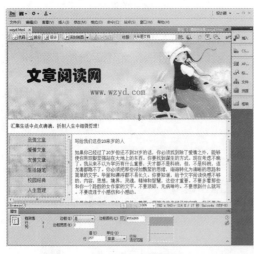

图7-23　拖动鼠标

图7-24　删除框架

2．创建自定义框架

在Dreamweaver CS4中，用户可以使用系统提供的框架结构，也可以根据自己的需要创建框架。下面将详细介绍如何创建自定义框架。

01 新建网页文档，选择【查看】>【可视化助理】>【框架边界】命令，如图7-25所示。

02 显示出框架集边框，将鼠标指针放在框架的上边界，当鼠标指针变成上下拉伸状态时，按下鼠标左键向下拖动，就会生成两个框架页面，如图7-26所示。

图7-25　显示框架边界

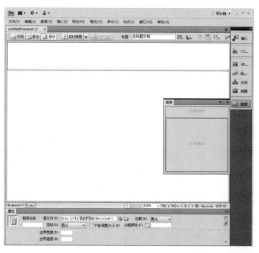

图7-26　生成两个框架页面

03 使用同样的方法创建如图7-27所示的框架。

04 单击"框架"面板中的顶部框架，在其"属性"面板的"框架名称"文本框中输入"top"。然后依次为左框架、主框架、底框架命名为left、main、bottom。此时，自定义框架就创建完成了，如图7-28所示。

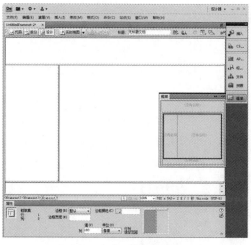

图7-27　生成四个框架页面

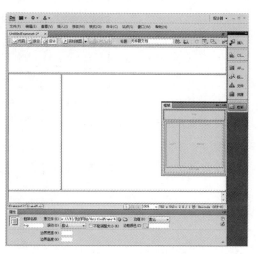

图7-28　命名框架

小知识：异常情况

　　用户在创建框架时（如该例中左框架的创建），一定要选中中间的框架，然后拖动鼠标，否则会出现如图7-29所示的5个框架页面的情况。

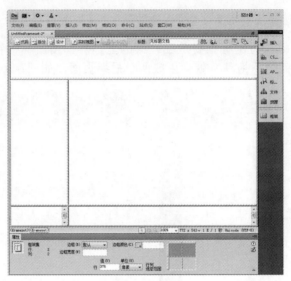

图7-29 错误框架页面

3．Spry框架的应用

Spry框架是一个JavaScript库，设计人员使用它可以构建更丰富的Web页，它支持一组用标准HTML、CSS和JavaScript编写的可重用构件，所以使用该技术可以方便地插入这些构件，并设置构件的样式。下面将详细介绍关于Spry的一些知识。

（1）Spry效果

选择【窗口】>【行为】命令，打开"行为"面板，在该面板中单击【添加行为】按钮 ，从弹出的快捷菜单中可以看到【效果】选项，如图7-30所示。

图7-30 Spry效果

Spry效果是视觉增强功能，可以将它们应用于使用JavaScript的HTML页面上几乎所有的元素。效果通常用于一段时间内的高亮显示信息，创建动画过渡或者以可视方式修改页面元素。用户可以将效果直接应用于HTML元素，而无须其他自定义标签。效果可以修改元素的不透明度、缩放比例、位置和样式属性（如背景颜色），也可以组合两个或多个属性来创建视觉效果。从上图可以看出，在Dreamweaver CS4中Spry包括以下7种效果。

①增大/收缩：使元素变大或变小。此效果可用于以下HTML元素，address、dd、div、dl、dt、form、p、ol、ul、applet、center、dir、menu和pre。在【增大/收缩】对话框中，如图7-31所示，"切换效果"复选框可以实现效果的可逆（其余效果中该命令用途相同）。

图7-31 【增大/收缩】对话框

②挤压：使元素从页面的左上角消失。此效果仅可用于以下HTML元素，address、dd、div、dl、dt、form、img、p、ol、ul、applet、center、dir、menu和pre。如图7-32所示为【挤压】对话框。

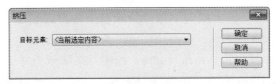

图7-32 【挤压】对话框

③显示/渐隐：使元素显示或渐隐。此效果可用于除以下元素之外的所有HTML元素，applet、body、iframe、object、tr、tbody和th。如图7-33所示为【显示/渐隐】对话框。

图7-33 【显示/渐隐】对话框

④晃动：模拟从左向右晃动元素。此效果适用于以下HTML元素，address、blockquote、dd、div、dl、dt、fieldset、form、h1、h2、h3、h4、h5、h6、iframe、img、object、p、ol、ul、li、applet、dir、hr、menu、pre和table。如图7-34所示为【晃动】对话框。

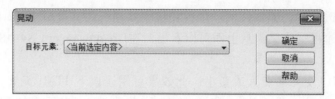

图7-34 【晃动】对话框

⑤滑动：上下移动元素。要使滑动效果正常工作，必须将目标元素封装在具有唯一ID的容器标签中。用于封装目标元素的容器标签必须是blockquote、dd、form、div或center。目标元素标签必须是以下标签之一：blockquote、dd、div、form、center、table、span、input、textarea、select或image。如图7-35所示为【滑动】对话框。

图7-35 【滑动】对话框

⑥遮帘：模拟百叶窗，向上或向下滚动百叶窗来隐藏或显示元素。此效果仅可用于以下列HTML元素，address、dd、div、dl、dt、form、h1、h2、h3、h4、h5、h6、p、ol、ul、li、applet、center、dir、menu和pre。如图7-36所示为【遮帘】对话框。

图7-36 【遮帘】对话框

在【遮帘】对话框中，"向上遮帘自/向下遮帘自"框是以百分比或像素值形式定义遮帘的起始滚动点。"向上遮帘到/向下遮帘到"框是以百分比或像素值形式定义遮帘的结束滚动点。这些值是从元素的顶部开始计算的。

⑦高亮颜色：更改元素的背景颜色。此效果可用于除下列元素之外的所有HTML元素，applet、body、frame、frameset和noframes。如图7-37所示为【高亮颜色】对话框。

图7-37　【高亮颜色】对话框

在【高亮颜色】对话框中，"效果持续时间"定义效果持续的时间，以毫秒为单位。用户还可以设置以哪种颜色开始高亮显示，以哪种颜色结束高亮显示。

小知识：SpryEffects.js文件

当用户使用效果时，系统会在"代码"视图中将不同的代码添加到相应的文件中。其中的一行代码用来标识SpryEffects.js文件，该文件是包括这些效果所必需的。注意不要从代码中删除该行，否则这些效果将不起作用。

以上均是为HTML元素添加Spry效果操作，若要删除Spry效果，其方法很简单：选择应用效果的内容或布局元素，在"行为"面板中，选择要删除的效果，在子面板的标题栏中单击【删除事件】按钮 －，如图7-38所示，或右键单击要删除的行为，在弹出的快捷菜单中选择【删除行为】即可，如图7-39所示。

图7-38　"删除事件"按钮

图7-39　利用快捷菜单删除

（2）Spry控件

选择【插入】>【Spry】命令或单击"插入"面板工具栏中【Spry】按钮，可看到Spry的所有控件，如图7-40、图7-41所示。

图7-40　菜单命令　　　　　图7-41　"插入"面板

（3）Spry控件的含义

Spry各控件的含义如下。

Spry数据集：用于容纳所指定数据集合的JavaScript对象，由行和列组成的标准表格形式生成数组。

Spry区域：由两种类型的区域，一个是围绕数据对象（如表格和重复列表）的Spry区域；另一个是Spry详细区域，该区域与主表格对象一起使用时，可允许对Dreamweaver页面上的数据进行动态更新。

Spry重复项：它是一个简单的数据结构，用户可以根据需要设置其格式以显示数据。

Spry重复列表：将数据显示为经过排序的列表、未经排序的（项目符号）列表、定义列表或下拉列表。

Spry验证文本域：用于在站点浏览者输入文本时，显示文本的状态（有效或无效）。

Spry验证文本区域：它是一个文本区域，当用户输入文本时，显示文本的状态（有效或无效）。

Spry验证复选框：它是HTML表单中的一个或一组复选框，启用（或没有启用）复选框时，显示验证的状态（有效或无效）。

Spry验证选择：它是一个下拉菜单，该菜单在用户进行选择时显示出构件的状态（有效或无效）。

Spry验证密码：它是一个密码文本域，可用于强制执行密码规则（如字符的数目和类型）。该控件根据用户的输入信息提供警告或错误消息。

Spry验证确认：它是一个文本域或密码表单域，当用户输入的值与同一表单中类似域的值不匹配时，该构件将显示有效或无效状态。

Spry验证单选按钮组：它是HTML表单中的一组单选按钮，启用（或没启用）单选按钮时，显示验证的状态（有效或无效）。

Spry菜单栏：Spry菜单栏是一组用于导航的菜单按钮，通常用来制作级联菜单。

Spry选项卡式面板：Spry选项卡式面板用于将内容存储到紧凑的空间中，通常用来制作选项面板。

Spry折叠式：一组可折叠的面板，可以将大量内容存储到一个紧凑的空间中，通常用来制作可折叠面板。

Spry可折叠面板：也是一个面板，同样能够节省页面空间。

Spry工具提示：当用户将鼠标指针悬停在网页中的特定元素上时，Spry工具提示构件会显示其他信息。用户移开鼠标指针时，其他信息会消失。

（4）使用Spry布局对象

①使用Spry折叠式控件

Spry折叠式控件是一组可折叠的面板，可以将大量的内容存储在一个紧凑的空间中。当访问者单击不同的选项卡时，折叠控件的面板会相应地展开或收缩，并且每次只能有一个内容面板处于打开可见的状态。

将光标置于页面中，选择【插入】>【布局对象】>【Spry折叠式】命令，插入Spry折叠式控件，在Spry折叠式面板控件的选项卡名称中输入文字，在内容面板中插入一幅图片，如图7-42所示。

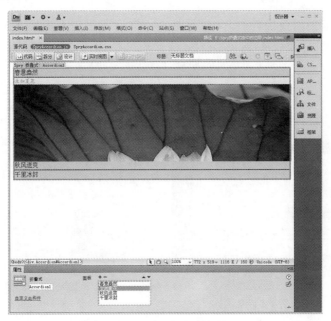

图7-42　Spry折叠式控件

若要添加一个面板，在其"属性"面板中单击【添加面板】按钮 即可。若要打开某个折叠面板，可以单击该面板右侧出现的眼睛图标 。

折叠面板的高度是固定的，不会随着面板中的内容而变化。在预览网页时，可以通过拖动滚动条来查看多出的内容，如图7-43所示。

图7-43 预览网页

②使用Spry选项卡式面板

Spry选项卡式面板控件也是一组面板，访问者通过单击不同的选项卡来显示或隐藏存储在选项卡面板中的内容，并且只能有一个内容面板处于打开的状态。

将光标置于页面中，选择【插入】>【布局对象】>【Spry选项卡式面板】命令，即可插入选项卡式面板。选中该控件，单击"属性"面板中的【添加面板】或【删除面板】按钮可以添加或删除面板。

在Spry选项卡式面板控件的Tab位置处输入文字，在内容中插入图像，如图7-44所示。预览网页，效果如图7-45所示。

图7-44 Spry选项卡式面板

图7-45 预览网页

③使用Spry可折叠面板

Spry可折叠面板是一个面板，将内容存储到面板中，访问者通过单击面板可控制其显示或者隐藏内容。

选择【插入】>【布局对象】>【Spry可折叠面板】命令，插入一个Spry可折叠面板，如图7-46所示。选中该控件，在其"属性"面板中可以设置其"显示"与"默认状态"。

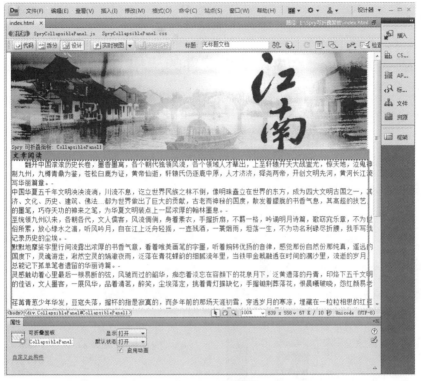

图7-46 Spry可折叠面板

设置完成后预览网页，单击面板可以隐藏或显示面板内容，如图7-47、图7-48所示。

图7-47 隐藏面板内容

图7-48 显示面板内容

小知识：美化控件

当用户插入Spry控件时，在"CSS样式"面板中会生产相应的控件样式，用户可以通过修改CSS样式属性来美化控件。

7.6　能力拓展

7.6.1　触类旁通——Spry菜单栏控件的应用

01 运行Dreamweaver CS4，打开"素材\第7章\Spry菜单栏\源文件\index.html"文件，将光标定位在需要创建级联菜单的位置，设置其对齐方式为"居中对齐"，如图7-49所示。

02 单击"插入"工具栏中的"Spry"类别，切换到Spry控件面板，单击【Spry菜单栏】按钮，如图7-50所示。

图7-49　打开网页文档

图7-50　【Spry菜单栏】按钮

03 弹出【Spry菜单栏】对话框，在该对话框中选择【垂直】单选按钮，如图7-51所示，然后单击【确定】按钮。

04 在光标所在位置处插入一个Spry菜单栏控件，如图7-52所示。

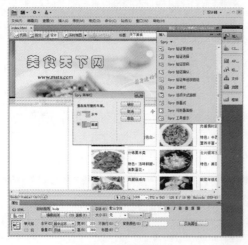

图7-51　设置参数

图7-52　插入Spry菜单栏

05 选中Spry菜单栏控件，在"属性"面板中选择"项目1"，设置"文本"和"标题"均为"菜谱大全"，如图7-53所示。

06 在"属性"面板中选择一级菜单栏目中的"项目1.1"选项，设置其"文本"和"标题"均为"水煮鱼"，如图7-54所示。

图7-53 设置菜单项

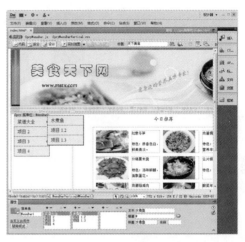

图7-54 设置菜单项

07 使用同样的方法，分别设置"项目1.2"和"项目1.3"选项的文本、标题为"回锅肉"、"如意冬笋"，如图7-55所示。

08 若还需要添加项目，在"属性"面板中单击【添加菜单项】按钮即可。将新增加的菜单项"文本"和"标题"设置为"乌龙吐珠"，如图7-56所示。

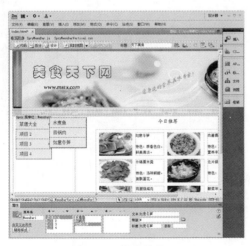

图7-55 设置菜单项

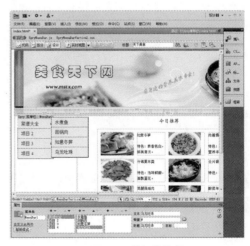

图7-56 添加菜单项

09 使用同样的方法设置其他的一级菜单项，如图7-57所示。

10 依照同样的方法制作二级菜单项与三级菜单项，如图7-58所示。这里只设置了前三项，其他的用户可以自行设置。

图7-57　设置其他一级菜单项

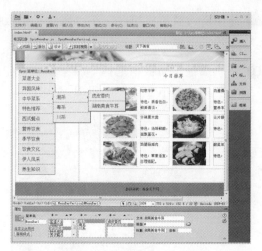

图7-58　设置二级和三级菜单项

⑪ 打开 "CSS样式" 面板，可以看到很多Spry菜单栏的CSS样式，找到设置字体的样式，修改其属性参数，设置字体为12pt，颜色为#82481A，如图7-59所示。

⑫ 设置鼠标经过颜色为 "#9ED553"，如图7-60所示。

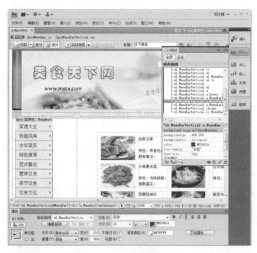

图7-59　设置字体样式

图7-60　设置鼠标经过颜色

⑬ 修改Spry菜单栏控件的背景颜色，如图7-61所示。

⑭ 在 "属性" 面板中，选择一级菜单栏中 "中华菜系" 选项，单击【上移项】按钮，如图7-62所示。

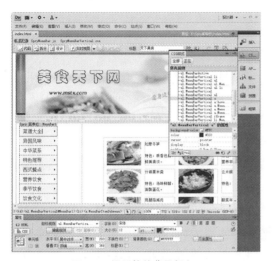

图7-61 设置控件背景颜色

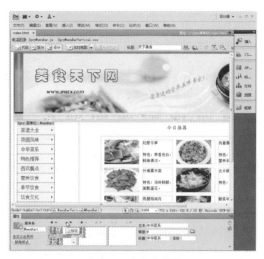

图7-62 上移菜单项

⑮ 此时，"中华菜系"项就上移了一个位置，如图7-63所示。除此之外，用户还可以对菜单项进行添加、删除、下移项操作。

⑯ 保存文件，按【F12】快捷键预览网页，效果如图7-64所示。

图7-63 菜单项上移

图7-64 预览网页

小知识：Spry菜单栏控件属性面板中选项的含义

✥ 菜单栏名称：默认菜单栏名称为MenuBar1，该名称不能以汉字命名，可以使用字母或者数字。

✥ 禁用样式：单击该按钮，菜单栏变成项目列表，并且按钮名称更改为"启用样式"。

✥ 菜单栏目：包括主菜单栏目、一级菜单栏目和二级菜单栏目。

✥ 文本：设置栏目的名称。

✥ 标题：鼠标停留在菜单栏目上时显示的提示文本。

❖ 链接：为菜单栏目添加链接文件，默认情况下为空链接，单击"浏览"按钮可以选择链接文本。

❖ 目标：指定要在何处打开所链接的文件，可以设置为self（在同一个浏览器窗口中打开链接文件）、parent（在父窗口或父框架中打开链接的文件）、top（在框架集的顶层窗口中打开链接文件）。

7.6.2　商业应用

利用框架设计网页经常被应用在商业网站的制作中，特别是在一些论坛中有着广泛的应用。框架设计不仅在结构上显得主次分明，在进行网页维护时也非常省时省力。利用框架制作的多个网页，可以方便地统一调整某一位置的内容。例如，要统一修改导航栏，只需要修改对应框架页的内容就可以了，而其他引用该页面的框架集文件都会自动更新。有效利用框架可以在网页设计中达到事半功倍的效果。如图7-65所示为天涯社区采用的框架结构。

图7-65　框架结构网页

7.7　本章小节

本章以框架网页的创建、Spry菜单栏控件的应用为例，向读者介绍了框架的相关知识。通过本章的学习，读者应了解框架与Spry框架技术，熟练掌握框架和框架集的创建、编辑以及属性设置，以及Spry布局对象的应用等。希望读者能够使用框架技术灵活地布局网页，并更好地进行网页设计制作。

7.8 认证必备知识

单项选择题

（1）下列关于框架的说法正确的是_____。

    A．通过框架可以将一个浏览器窗口划分为多个区域

    B．框架就是框架集，框架集也就是框架

    C．保存框架是指系统一次就能把整个框架保存起来，而不是单个保存

    D．框架实际上是一个文件，当前显示在框架中的文档是构成框架的一部分

（2）在Dreamweaver中，要使在当前框架打开链接，目标窗口应该设置为_____。

    A．_blank   B．_parent   C．_self   D．_top

多项选择题

（1）下面关于框架的构成及设置的说法正确的是_____。

    A．一个框架实际上是由一个HTML文档构成的

    B．每个框架都有自己独立的网页文件

    C．每个框架的内容不受另外框架内容的改变而改变

    D．一般主框架用来放置网页内容，而其他小框架用来导航

（2）下面关于创建一个框架的说法正确的是_____。

    A．新建一个HTML文档，直接插入系统预设的框架就可以创建框架了

    B．打开文件菜单，选择保存全部命令，系统会自动提示用户保存

    C．保存框架时，在编辑区的所保存框架周围会看到一圈虚线

    D．不能创建预设框架以外的其他框架的结构类型

判断题

（1）把框架集看成是一个可以容纳和组织多个文件的容器，而每个框架则是相互依赖的HTML文档。_____

    A．正确   B．错误

（2）在Dreamweaver中，除了预设的框架类型以外，还可以使用重复插入或分割的方法，创建各种形式的框架。_____

    A．正确   B．错误

第 8 章 模板与库的应用

8.1 任务题目

通过创建模板与利用模板创建网页，掌握模板的创建、编辑以及管理等操作，能够在网站设计中合理使用模板创建网页，提高工作效率。

8.2 任务导入

模板是一种用来设计具有固定页面布局的文档，使用它不仅可以使整个网站的风格统一，还可以极大地缩短网站开发的时间。对于具有若干相同版式结构的网站来说，应用模板无疑是最好的选择。本章将介绍使用模板创建网页，详细介绍模板的相关知识。

8.3 任务分析

1. 目的

了解模板的概念，掌握创建模板、编辑模板以及管理模板的方法；了解库的概念，掌握库的应用。

2. 重点

（1）模板的创建。

（2）模板的编辑与管理。

（3）库的应用。

3. 难点

（1）使用模板制作网页。

（2）模板的编辑与管理。

8.4 技能目标

（1）掌握模板、库的基本操作。

（2）能够利用模板与库创建网页。

8.5 任务讲析

8.5.1 实例演练——创建模板

01 运行Dreamweaver CS4，建立"建材网"新站点，新建网页文档，单击"属性"面板中的【页面属性】按钮，打开【页面属性】对话框，进行如图8-1所示的参数设置。

02 选择【插入】>【表格】命令，插入一个1行1列的表格，设置表格宽度为778像素，并设置居中对齐方式，然后在该表格中插入图像，如图8-2所示。

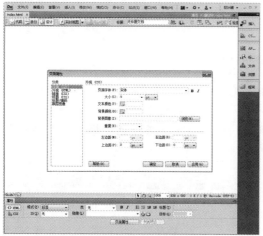

图8-1 设置页面属性

图8-2 插入图像

03 在Logo下方插入一个1行1列的表格，表格宽度为782像素，单元格间距为2像素，并设置居中对齐方式，然后将光标定位在表格中，选中<td>标签，打开"快速标签编辑器"，添加代码。background="images/1.jpg"，设置导航条背景图像，如图8-3所示。

04 将光标定位在导航条中，设置行高为30，并设置居中对齐。然后单击"属性"面板中的【拆分单元格为行或列】按钮，打开【拆分单元格】对话框，设置拆分为9列，如图8-4所示，最后单击【确定】按钮。

图8-3　设置导航条背景图像　　　　　　　　　　　图8-4　拆分单元格

05 在导航条的各单元格中输入文本内容，如图8-5所示。

06 利用学习过的表格布局网页的知识，布局网页主体部分，如图8-6所示。首先插入一个1行1列的表格，表格宽度为778像素，居中对齐。然后在该表格中嵌套一个1行2列的表格，表格宽度为100%，并调整表格列宽。最后在右侧单元格中插入一个2行1列的表格即可。

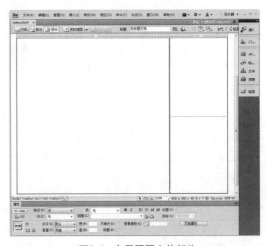

图8-5　输入文本　　　　　　　　　　　　　　图8-6　布局网页主体部分

07 在如图8-7所示的位置处插入一个2行1列的表格，表格宽度为99%，设置其右对齐。设置第一个单元格背景颜色为#CCCCCC，然后插入图像，并设置图像的边框为1。

08 将光标定位在第二个单元格中，设置其背景颜色为#E9E3DE，然后输入文本内容，如图8-8所示。

图8-7　插入图像

图8-8　输入文本

09 选择【插入】>【表格】命令，插入9行1列的表格，设置表格宽度为100%，单元格间距为1像素，并设置每个单元格的高度为28像素，如图8-9所示。

10 将光标定位在第一个单元格中，选择【插入】>【图像】命令，插入图像素材，在其他单元格中输入文本内容，如图8-10所示。

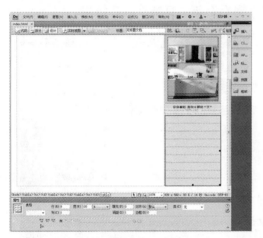

图8-9　插入表格并设置属性

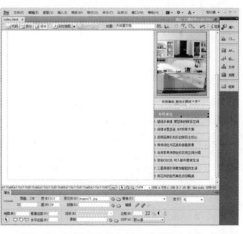

图8-10　插入图像并在其他单元格中输入文本

11 在如图8-11所示的位置处插入一个1行1列的表格，表格宽度为99%，边框粗细为1像素，并调整单元格的高。

12 在网页文档最底部插入一个1行1列的表格，表格宽度为778像素，在"属性"面板中设置行高为40，设置背景颜色为#A7937B，如图8-12所示，并在表格中输入文本内容，作为版权信息。

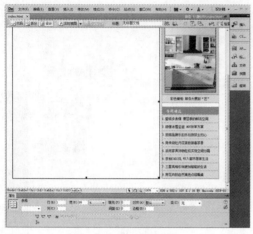

图8-11　插1行1列的表格

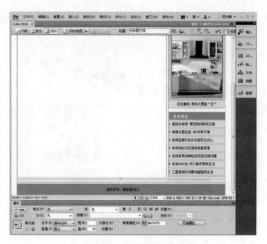

图8-12　制作版权信息

⑬ 单击"属性"面板的【页面属性】按钮，打开"页面属性"对话框，在"分类"栏中单击【链接（CSS）】选项，切换到"链接"面板，在面板中进行如图8-13所示的参数设置，然后单击【确定】按钮。

⑭ 选择【窗口】>【文件】命令，打开"文件"面板，新建HTML文件用于超链接，如图8-14所示。由于页面较多，这里只制作"橱柜"与"灯饰"的超链接。

图8-13　链接设置

图8-14　创建超链接

⑮ 选择【文件】>【另存为模板】命令，打开【另存模板】对话框，在该对话框中输入模板的名称，如图8-15所示，然后单击【保存】按钮。弹出更新链接的提示信息，单击【是】按钮更新链接，如图8-16所示。

　小知识：创建模板

在创建模板时，如果用户没有建立站点，系统将提示先创建站点。

图8-15 【另存模板】对话框

图8-16 提示信息

16 选择【窗口】>【文件】命令，打开"文件"面板，可以看到系统自动在站点根目录下创建了一个名为"Templates"的模板文件，展开"Templates"文件，用户可以看到刚刚保存的名为"mb.dwt"的文件，如图8-17所示。

17 选择【窗口】>【资源】命令，打开"资源"面板，单击【模板】按钮，右键单击模板，在弹出的快捷菜单中选择【重命名】命令，将模板重命名为"建材网模板"，如图8-18所示。

小知识：扩展名

模板也是文档，它的扩展名为".dwt"，模板文件并不是原来就有的，它是在制作模板的时候由系统自动生成的。

如果在关闭模板文件时没有创建可编辑区，系统会弹出警告框，提醒用户进行设置。刚才创建的模板没有可编辑区域，在后面的"能力拓展"部分我们使用它创建网页时再创建可编辑区域。

图8-17 "文件"面板

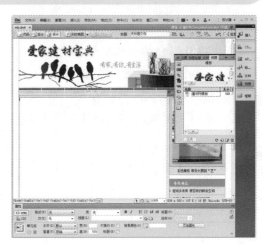

图8-18 模板重命名

8.5.2 基础知识解析

1. 模板的概念

模板可以理解为一种模型，用这个模型可以对网站中的网页进行改动，并加入个性化的内容。也可以把模型理解为一种特殊类型的网页，主要用于创建具有固定结构和共同格式的网页。模板的主要功能就是把网页布局和内容分离，布局设计好之后储存为模板。相同布局的页面可以通过模板来创建，这样能够极大地提高工作效率。

如图8-19、图8-20所示为采用模板创建的网页。

图8-19　"火箭新闻"页面　　　　　　　　图8-20　"奇才新闻"页面

2. 创建模板

下面将详细介绍创建模板的方法。

（1）利用工具栏创建空白模板

01 新建网页文档，打开"插入"面板，单击"常用"工具栏【模板】按钮旁的下拉箭头，在弹出的菜单中选择【创建模板】命令，如图8-21所示。

02 打开【另存模板】对话框，在"另存为"文本框中输入模板名称，如图8-22所示，然后单击【保存】按钮。

图8-21 "创建模板"命令　　　　　　　　　图8-22 输入模板名称

03 打开"文件"面板，可以看到系统自动在站点根目录下创建了一个名为"Templates"的模板文件，展开"Templates"文件，用户可以看到名为"mb.dwt"的文件，如图8-23所示。

图8-23 创建的模板文件

（2）利用"资源"面板创建空白模板

选择【窗口】>【资源】命令，打开"资源"面板，单击该面板底部的【新建模板】按钮，如图8-24所示。模板文件创建完成后，只要为该模板文件重命名即可，如图8-25所示。

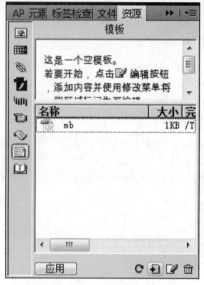

图8-24 【新建模板】按钮

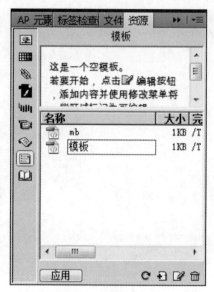

图8-25 模板重命名

3．编辑模板

模板创建好以后，还必须创建编辑区域，才能正常使用模板来创建网页，模板文件最显著的特征就是有可编辑区域和锁定区域之分。下面将详细介绍这些内容。

（1）可编辑区域和锁定区域

模板文件包括可编辑区域和锁定区域，所谓锁定区域就是在整个网站中相对固定和独立的区域，如网页背景、导航栏、网站Logo等内容，也称不可编辑区域。可编辑区域则用来定义网页具体内容的部分，如图像、文本、表格、层等页面元素。可以把整个表格和表格中的内容设置成一个可编辑区域，还可以把某一个单元格及其内容设置成一个可编辑区域。当需要修改通过模板创建的网页时，只需修改模板所定义的可编辑区域即可。

（2）创建可编辑区域

由模板生成的网页，其中一部分可以预先设置，即成为可编辑区域。下面介绍可编辑区域的创建过程。

01 打开一个网页模板，选中需要创建可编辑区域的位置，单击"常用"工具栏【模板】按钮旁的下拉箭头，在弹出的菜单中选择【可编辑区域】命令，如图8-26所示。

02 在【新建可编辑区域】对话框中，输入可编辑区域的名称，如图8-27所示，然后单击【确定】按钮。

图8-26 选择【可编辑区域】命令

图8-27 输入可编辑区域名称

03 新添加的可编辑区域有颜色标签和名称显示，如图8-28所示。

图8-28 可编辑区域创建完成

小知识：可编辑区域

选择【插入】>【模板对象】>【可编辑区域】命令，打开【新建可编辑】对话框。

在命名可编辑区域时，不能使用某些特殊的字符，如单引号‘’和双引号""。由模板新建网页之后，可编辑区域中可以插入文本、图片、表格等对象。对象的编辑也和正常网页没有任何差别。

（3）选择可编辑区域

在使用模板时可能会发现模板中的某一部分内容不需要或者需要换成别的内容。这时候选择可编辑区域进行定向编辑显得尤为重要。可编辑区域的对象有以下两种。

✦ 可选区域，用户可以显示或隐藏特别标记的区域，这些区域中用户无法编辑内容，但是用户可以定义该区域在所创建的页面中是否可见。

✦ 可编辑可选区域，模板用户不仅可以设置是否显示或隐藏该区域，还可以编辑该区域中的内容。

定义这两种区域的步骤基本相同，下面以定义可选区域为例进行介绍。

01 打开一个网页模板，选择要定义为可选区域的对象，单击"常用"工具栏【模板】按钮旁的下拉箭头，在弹出的菜单中选择【可选区域】命令，如图8-29所示。

图8-29　选择【可选区域】命令

02 在【新建可选区域】对话框中的【基本】选项区和【高级】选项区中，输入可选区域的名称，如图8-30、图8-31所示，然后单击【确定】按钮。

图8-30　【基本】选项

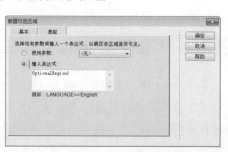

图8-31　【高级】选项

03 新添加的可选区域有颜色标签与名称显示（名称前有IF），如图8-32所示。

图8-32　可选区域创建完成

（4）删除可编辑区域

插入可编辑区域后，如果用户希望删除可编辑区域，可以按以下的步骤操作：将光标定位到要删除的可编辑区域之内，选择【修改】>【模板】>【删除模板标记】命令，可编辑区域标签即可被删除。

小知识：可选区域与可编辑的可选区域的区别

可选区域与可编辑的可选区域的区别就在于是否可以编辑这个区域的内容，相比较来说，可编辑的可选区域用得更多一些，可以给网页设计人员留出一定的余地。

4．利用模板制作网页

在Dreamweaver CS4中，可以以模板为基础创建新的文档，或将一个模板应用于已有的文档。

（1）从模板新建

新建模板文档的操作方法如下。

01 选择【文件】>【新建】命令，弹出【新建文档】对话框，如图8-33所示，单击【空模板】选项卡，在"模板类型"区域中选择"HTML模板"选项，在"布局"区域中选择"2列液态，左侧栏、标题和脚注"选项，然后单击【创建】按钮。

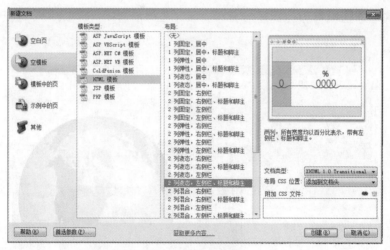

图8-33　选择模板类型

02 此时，在Dreamweaver中新建了一个模板文档，如图8-34所示。

03 选择【文件】>【另存为模板】命令或按【Ctrl+S】组合键，打开【另存模块】对话框，在该对话框中输入模板名称，如图8-35所示，单击【保存】按钮。

图8-34　新建模板文档

图8-35　【另存模板】对话框

小知识：布局选项中各项的含义

在布局选项中，各选项含义如下。

固定：表示该网页中的表格、列或层等元素以像素为单位。

弹出：表示该网页中的表格等元素会随着其中包含的文字或其他元素的大小而变化。

液态：表示该网页中的表格等元素以百分比表示。

（2）使用模板面板创建文档

使用模板面板创建文档的具体操作如下。

01 为上面创建的模板添加内容，并通过修改CSS样式属性设置页面外观，如图8-36所示。

02 选中要创建可编辑区的对象，打开"插入"面板，切换到"常用"工具选项，单击"模板"下拉列表选择"可编辑区域"选项，如图8-37所示。

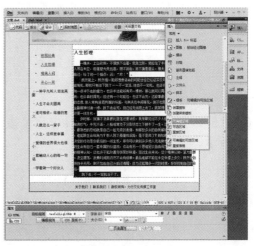

图8-36　为模板添加内容　　　　　　　　　　图8-37　新建模板文档

03 弹出【新建可编辑区域】对话框，默认设置，单击【确定】按钮，如图8-38所示。在网页文档中创建了如图8-39所示的可编辑区域。

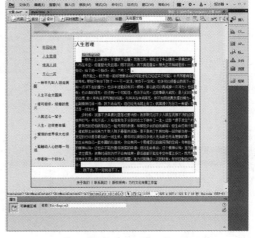

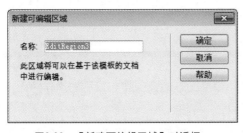

图8-38　【新建可编辑区域】对话框　　　　　图8-39　创建可编辑区域

04 新建空白HTML文件，输入文本内容，单击"资源"面板中的【模板】按钮，选中要应用的模板文档，单击面板下方的【应用】按钮，如图8-40所示。

05 弹出【不一致的区域名称】对话框，选择"Document body"选项，单击"将内容移到新区域"后的下拉箭头，从中选择"EditRegion3"选项，如图8-41所示，然后单击【确定】按钮。

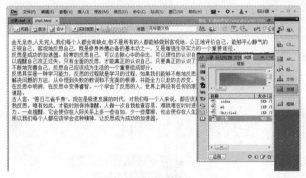

图8-40 "新建可编辑区域"对话框

图8-41 【不一致的区域名称】对话框

06 这时，可以看到该文档已经应用了模板，在可编辑区域还可以修改内容，如图8-42所示。

图8-42 应用模板文件

小知识：关于可编辑区域

①创建好的模板文件必须建立可编辑区域，如果没有此步操作，以后的操作将无法进行。

②在新建的文档中编辑区域，用户必须把事先准备好的文档材料放入，不然插入的模板将不可编辑。

③"不一致区域名称"对话框主要是为网页上的内容分配可编辑区域。通常给网页套用模板只需将定义网页的内容插入到模板对应的可编辑区域即可。

④在该文档中可以看到，未分配可选区域的内容，显示无法编辑的⊘图标。

（3）页面与模板脱离

使用了模板的网页，有时可能需要对模板的锁定区域进行编辑，这时就需要将该页面从模板中分离出来，具体操作方法如下。

打开一个套用了模板的网页，选择【修改】>【模板】>【从模板中分离】命令，如图8-43所示。此时，刚才不可编辑区域现在就可以编辑了，如图8-44所示

图8-43　从模板中分离

图8-44　区域可编辑

（4）更新页面

模板最强大的功能之一就是可以一次更新网站中的很多页面，如果要更改网站的结构或其他设置，只需要修改模板页就可以了。

01 打开一个用模板文件创建的网页，设置文字颜色为绿色（#060），如图8-45所示。

02 按【Ctrl+S】组合键保存修改过的模板文件，将弹出【更新模板文件】对话框，如图8-46所示，然后单击【更新】按钮。

图8-45　修改文本颜色

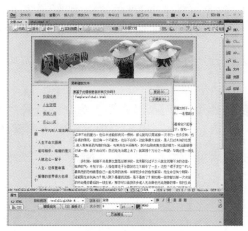

图8-46　更新模板文件

03 更新完成后单击【关闭】按钮，在使用模板创建的网页中，文本的颜色已经被更新，如图8-47、图8-48所示。

图8-47　【更新页面】对话框

图8-48　应用模板的页面更新完成

5．库的概念

库是一种特殊的Dreamweaver文件，其中包含可放置到Web页中的一组单个资源或资源副本。库中的这些资源称为库项目，可在库中存储的项目包括图像、表格、声音和使用Adobe Flash创建的文件。每当编辑某个库项目时，可以自动更新所有使用该项目的页面。Dreamweaver将库项目存储在每个站点的本地根文件夹下的Library文件夹中，每个站点都有自己的库。

库和模板的区别：模板的功能主要是保持页面统一，而库文件不是为了保持相同的一小部分内容，更主要的是为了满足经常需要修改的内容，而且它比模板更加灵活，它可以放置在页面的任何位置，而不是固定的同一位置。

创建库文件有两种方法，即新建库文件和将网页内容转化为库文件。下面介绍以现有网页内容转化为库文件与编辑库文件的具体操作。

01 打开一个网页文档，选中要转化为库文件的内容，这里选择Logo图像，如图8-49所示。

02 选择【窗口】>【资源】命令，打开"资源"面板，单击【库】按钮，切换到"库"面板，然后单击该面板底部的【新建库项目】按钮，如图8-50所示，库文件内容随即出现在面板上，最后给新建的库文件命名即可。

图8-49　选择Logo图像

图8-50　新建库文件

03 打开"文件"面板，可以看到系统自动建立了一个名为"Library"的文件夹，库项目即保存在该文件夹中，如图8-51所示。

04 选中页面中的库项目，单击"属性"面板中的【打开】按钮，将打开编辑页面，可以在此修改库中的内容，如图8-52所示。修改完成后，保存库文件，使用该库文件的网页将被更新。

图8-51　"Library"文件夹

图8-52　库项目的编辑页面

小知识：关于可编辑区域

　　如果想让库文件在当前网页中修改，执行以下操作即可：选中网页中插入的库文件，在【属性】面板中单击【从源文件中分离】按钮，这样原来的库文件区域就可以在网页中直接编辑了，修改库文件之后，脱离库文件的网页也不会更新了。

8.6 能力拓展

8.6.1 触类旁通——使用模板和库创建网页

01 运行Dreamweaver CS4，打开前面例子中的模板文件，如图8-53所示。

02 选中模板中的空白表格，选择【插入】>【模板对象】>【可编辑区域】命令，如图8-54所示。

图8-53 打开模板文件

图8-54 【可编辑区域】命令

03 弹出【新建可编辑区域】对话框，在该对话框中输入可编辑区域的名称，如图8-55所示。

04 设置完成后单击【确定】按钮，出现如图8-56所示的可编辑区域，保存文件。

图8-55 输入可编辑区域名称

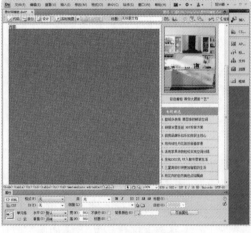
图8-56 创建可编辑区域完成

05 选择【窗口】>【文件】命令，打开"文件"面板，双击"chugui.html"文件，打开其编辑窗口，如图8-57所示。

06 选择【窗口】>【资源】命令，打开"资源"面板，选中模板文件，单击面板底部的
【应用】按钮，如图8-58所示。

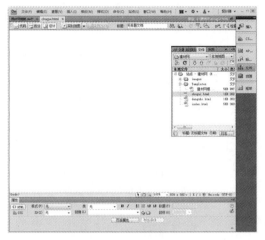

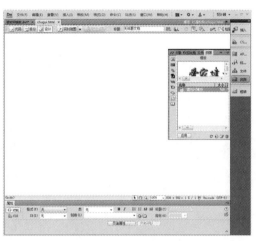

图8-57 打开网页文档   图8-58 "资源"面板

07 此时，"chugui.html"页面就应用了模板文件，除了空白区域外，其他区域均不可
进行编辑操作，如图8-59所示。

08 将光标定位在空白表格中，插入一个3行1列的表格，设置表格宽度为100%，如图
8-60所示。

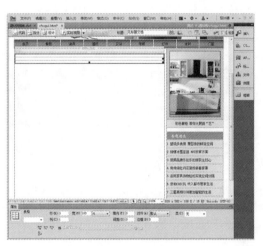

图8-59 应用模板文件   图8-60 插入表格

09 使用表格的相关知识制作如图8-61所示的表格布局，并输入文本内容，应用CSS
样式。

10 在表格中相应位置插入图像并输入文本内容，如图8-62所示。

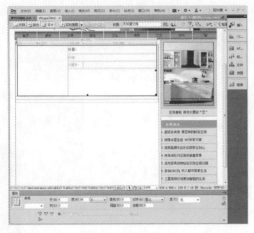

图8-61　布局表格

图8-62　插入图像并输入文本

⑪ 使用同样的方法制作另外两个单元格中的内容，如图8-63所示。

⑫ 保存文件，按【F12】快捷键预览网页，效果如图8-64所示。至此，橱柜页面就制作完成了，下面制作灯饰页面。

图8-63　制作其他单元格内容

图8-64　预览网页

⑬ 在"文件"面板中，双击"dengshi.html"文件，打开其编辑窗口，然后打开"资源"面板，选中模板，单击面板底部的【应用】按钮，如图8-65所示。

⑭ 这样，"dengshi.html"就应用了模板文件，如图8-66所示。

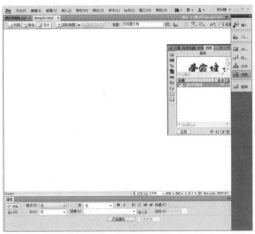

图8-65　打开网页文档

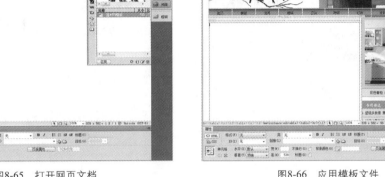

图8-66　应用模板文件

⑮ 将光标定位在可编辑区域，插入一个8行1列的表格，设置表格宽度为100%，如图8-67所示。

⑯ 在"属性"面板中设置第一个单元格的高为40；在第二、四个单元格中分别插入一条水平线，并设置水平线的高为1；设置最后一个单元格背景颜色为#EEEEEE，在单元格相应位置输入文本内容，如图8-68所示。

图8-67　插入表格

图8-68　设置表格属性

⑰ 然后在布局好的表格中插入图像，输入文本内容即可，如图8-69所示。

⑱ 保存文件，按【F12】快捷键预览网页，效果如图8-70所示。至此，灯饰页面dengshi.html制作完成。

图8-69　添加内容

图8-70　预览网页

⑲ 切换到模板文件，选中需要保存为库项目的内容，在此选择版权信息。在"资源"面板中单击"库"子面板底部的【新建库项目】按钮，如图8-71所示。

⑳ 将库项目命名为"版权信息"，转化为库文件的版权信息变成如图8-72所示的颜色，而且不可编辑。

图8-71　"资源"面板

图8-72　库项目

㉑ 选中页面中的库项目，单击"属性"面板上的【打开】按钮，如图8-73所示。

㉒ 打开库项目的编辑页面，在此修改库项目的内容，如图8-74所示。

图8-73 选中库项目

图8-74 修改库项目

23 保存修改的库文件，弹出【更新库项目】对话框，单击【更新】按钮，即可更新网站内使用了该库文件的网页，如图8-75、图8-76所示。

图8-75 更新文件

图8-76 预览网页

8.6.2 商业应用

一个网站由很多页面组成，要让站点保持统一的风格或站点中多个文档包含相同内容，如果一一对其编辑，那么工作量是相当大的，同时也增加了网站开发的难度。Dreamweaver提供的模板和库很好地解决了这一问题，不仅能够保持网站的风格统一，还大大提高了网站开发的工作效率。几乎所有的大型网站制作时都使用了模板和库。如图8-77、图8-78所示为中国象棋大师网。

图8-77　"棋坛快讯"页面

图8-78　"棋人棋事"页面

8.7　本章小结

　　本章以创建模板、使用模板和库创建网页为例，向读者介绍模板和库的应用。通过本章的学习，读者应了解模板与库的概念，熟练掌握模板创建和编辑操作，以及库的应用等。希望读者能够在网页设计中应用模板与库的知识，减少工作量，提高工作效率。

8.8　认证必备知识

单项选择题

　　（1）下列关于"资源"面板的说法错误的是＿＿＿＿＿＿＿＿。

　　　　A．有两种显示方式

　　　　B．网站列表方式可以显示网站的所有资源

　　　　C．收藏夹方式只显示自定义的收藏夹中的资源

　　　　D．模板和库不在"资源"面板中显示

　　（2）下面＿＿＿＿＿＿是Dreamweaver的模板文件的扩展名。

　　　　A．html　　　　　B．htm　　　　　　C．dwt　　　　　　D．txt

多项选择题

（1）模板的区域类型有_____。

　　A．可编辑区域　B．可选区域　　　C．重复区域　　　D．可插入区域

（2）关于应用库项目的操作描述，正确的有_____。

　　A．选择要插入的库项目后，选择【插入】>【库】>【更新当前页面】命令

　　B．选择要插入的库项目后，双击"库"面板上半部分出现的内容

　　C．选择要插入的库项目后，单击"库"面板底部的【插入】按钮

　　D．选择要插入的库项目后，将库项目从"库"面板的列表中拖到文档窗口

判断题

（1）应用了模板文件的文档不能使用模板的样式表，只能使用自己的样式表。_____

　　A．正确　　　　　　　　　　B．错误

（2）可选区域与可编辑的可选区域的区别就在于是否可以编辑这个区域的内容，相比较来说，可编辑的可选区域用得更多一些。_____

　　A．正确　　　　　　　　　　B．错误

第9章　行为的应用

9.1　任务题目

　　通过为网页添加行为动作，掌握行为与动作的应用，能够在网站制作中利用行为和动作实现网站交互性操作。

9.2　任务导入

　　行为是Dreamweaver中非常强大的功能，Dreamweaver之所以受到广大网页设计爱好者的欢迎，行为的应用起了相当大的作用，行为的主要功能是在网页中插入JavaScript程序而无须用户自己动手编写代码，使用行为可以提高网站的交互性。本章将介绍为网页添加行为动作，详细介绍行为与动作的应用。

9.3　任务分析

1．目的

　　学会使用行为面板添加行为，熟悉动作和事件的类型，掌握网页常用动作的添加，如弹出信息、交换图像、调用JavaScript等。

2．重点

　　（1）常用行为在网页中的使用。

　　（2）动作和事件的关系与编辑方法。

3．难点

　　（1）使用行为面板添加动作。

　　（2）动作和事件的编辑。

9.4　技能目标

　　（1）掌握行为与动作的应用。

　　（2）能够使用行为动作为网页增添活力。

9.5 任务讲析

9.5.1 实例演练——为网页添加行为（1）

01 运行Dreamweaver CS4，打开"素材\第9章\为网页添加行为（1）\源文件\index.html"网页文档，选择【窗口】>【行为】命令，打开"行为"面板，如图9-1所示。

02 单击"行为"面板中的【添加行为】按钮 ，从弹出的快捷菜单中选择【调用JavaScript】命令选项，如图9-2所示。

小知识：调用JavaScript

JavaScript是Internet上最流行的脚本语言。可在某个鼠标事件中调用某一个JavaScript函数。

图9-1 "行为"面板

图9-2 【调用JavaScript】命令

03 弹出【调用JavaScript】对话框，输入要执行的JavaScript函数或者要调用的函数名称，这里输入"alert("欢迎您光临 艺术剪纸网！")"，如图9-3所示，然后单击【确定】按钮。

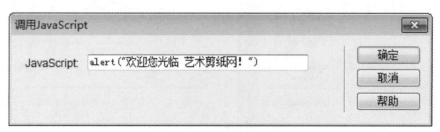

图9-3 输入JavaScript函数

04 此时，在"行为"面板中可以看到一个事件为onLoad的行为，如图9-4所示。

05 保存文件，按【F12】快捷键预览网页，效果如图9-5所示。

图9-4　事件行为　　　　　　　　　　　　　　　　图9-5　预览网页

06 选择网页文档中的一幅图像（右下角的剪纸图像），如图9-6所示。

07 在"行为"面板中单击【添加行为】按钮 ＋，从弹出的菜单中单击【交换图像】命令选项，如图9-7所示。

> **小知识：交换图像**
>
> 　　用户在浏览网页的时候经常会看到这样的图片效果，当鼠标经过图像时，该图像变换成另外一张图片；当鼠标离开后，图片又变换成原来的样子。

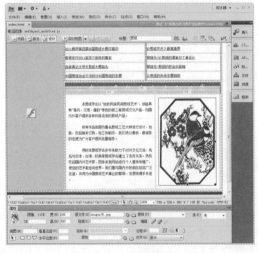

图9-6　选择图像　　　　　　　　　　　　　　　图9-7　【交换图像】命令

08 弹出【交换图像】对话框，单击"设定原始档为"文本框后的【浏览】按钮，选择另一幅图像素材，如图9-8所示，单击【确定】按钮。

09 此时，在"行为"面板中看到添加的两个事件行为，如图9-9所示。

图9-8 【交换图像】对话框

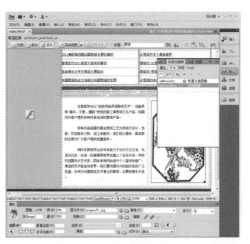

图9-9 "行为"面板中的事件

10 保存文件，按【F12】快捷键预览网页，效果如图9-10和图9-11所示。

图9-10 鼠标离开图像

图9-11 鼠标移至图像

小知识：恢复交换图像

"恢复交换图像"行为，可以将最后一组交换的图像恢复为它们以前的源文件。每次将"交换图像"行为附加到某个对象时都会自动添加"恢复交换图像"行为。

用户在制作"交换图像"时，应该选择一个与原图像具有相同尺寸的图像，以使其适应原图像的尺寸，否则，换入的图像显示时会被压缩或扩展。

⑪ 选中网页中的"让中国剪纸艺术走向世界"图像，在"行为"面板中单击【添加行为】按钮 ➕ ，从弹出的菜单中单击【转到URL】命令选项，如图9-12所示。

⑫ 在【转到URL】对话框中，单击【浏览】按钮，选择目标文件，如图9-13所示，然后单击【确定】按钮。

图9-12　【转到URL】命令

图9-13　选择目标文件

⑬ 在"行为"面板上添加了一个事件为onClick的行为，如图9-14所示。

⑭ 保存文件，按【F12】快捷键预览网页。当单击"让中国剪纸艺术走向世界"图像时，页面跳转到指定页面，如图9-15所示。

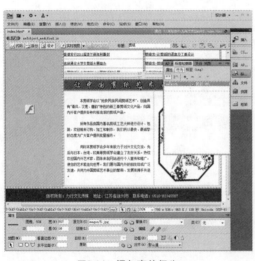

图9-14　添加事件行为

图9-15　预览网页

⑮ 在网页文档中选中"标签选择器"中的<body>标签，单击"行为"面板中的【添加行为】按钮 ➕ ，从弹出的菜单中选择【设置文本】>【设置状态文本】命令，如图9-16所示。

图9-16　设置状态文本

🌀 **小知识**：设置状态文本

　　设置状态栏文本可以在浏览器窗口左下方的状态栏中显示相关的文本信息。

⑯ 弹出【设置状态栏文本】对话框，在"消息"文本框中输入在状态栏中显示的内容
　"您所在的位置是艺术剪纸网！"，如图9-17所示，然后单击【确定】按钮。

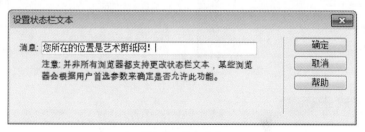

图9-17　输入内容

⑰ 这时，在"行为"面板中添加了一个事件为onMouseOver的行为，如图9-18所示。

⑱ 保存文件，按【F12】快捷键预览网页，可以在状态栏中看到刚才设置的文本，如
　图9-19所示。

图9-18 添加新的行为事件   图9-19 预览网页

⑲ 选中文本对象，单击"属性"面板中的【HTML】按钮，在"ID"文本框中输入
"content"，如图9-20所示。

⑳ 单击"行为"面板中的【添加行为】按钮 ，从弹出的快捷菜单中选择【改变属
性】命令，如图9-21所示。

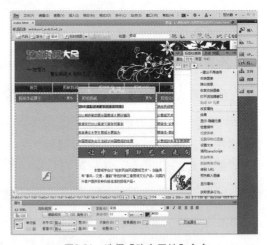

图9-20 定义ID   图9-21 选择【改变属性】命令

🌀 **小知识：改变属性**

　　使用"改变属性"命令，可以通过设定的动作触发行为。动态改变链接行为的对象
属性，包括对象的颜色、尺寸和背景等。

㉑ 弹出【改变属性】对话框，根据需要对各选项进行设置，如图9-22所示，设置完成
后单击【确定】按钮。

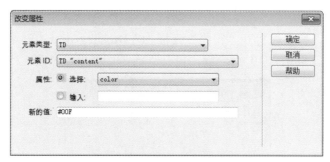

图9-22 设置【改变属性】对话框

22 在"行为"面板中,将onFocus事件改为onClick事件的行为,如图9-23所示。

23 保存文件,按【F12】快捷键预览网页。当单击文本时,文本颜色变为蓝色,如图9-24所示。

图9-23 设置事件行为

图9-24 预览网页

9.5.2 基础知识解析

1. 关于行为

(1)行为的概念

行为在技术上和时间轴动画一样,是一种动态HTML(DHTML)技术,是特定时间或者某个特定事件引发的动作。事件可以是鼠标单击、鼠标移动、网页下载完毕等事件,动作可以是打开新窗口、弹出菜单、变换图像等。

行为是用来动态响应用户操作、改变当前页面效果或执行特定任务的一种方法。行为由对象、事件和动作构成。对象是产生行为的主体,大部分网页元素都可以称为对象,比如图片、文本、多媒体等,甚至整个页面。事件是触发动作的原因,它可以被附加到各种页面元素上,也可以被附加到HTML标记中,一个事件总是针对某个页面元素而言的。动作就是一段程序代码的执行所引出的一些效果,通过动作来完成动态效果。

（2）"行为"面板

若要使用行为，需要先打开"行为"面板。在Dreamweaver CS4中，选择【窗口】>【行为】命令或按【Shift+F4】组合键，打开"行为"面板，如图9-25所示。

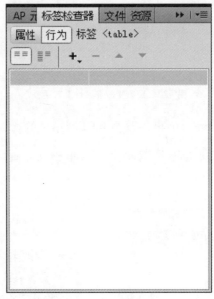

图9-25　"行为"面板

单击"行为"面板中的【显示设置事件】按钮，可以显示已经设置的事件；单击【显示所有事件】按钮，用户可以查看浏览器所设置事件的范围；单击 ＋ 和 － 按钮，可以新增和删除行为；单击 ▲ 和 ▼ 按钮，可以在事件相同的情况下调整动作发生的先后顺序。

2．动作和事件

动作是随着事件的发生而执行的，动作可以被附加到链接、图像、表单及其他页面元素中。动作还可以为每个事件指定多个动作，动作根据在行为面板的"动作"列中显示的顺序依次发生。事件是依赖对象的存在而存在的，要应用某事件，就要先选中页面中的对象。每个页面元素所能发生的事件也不尽相同。一个事件也可以触发多个动作，可以通过时间的设定来定义动作执行的顺序。

（1）动作

Dreamweaver CS4提供了很多动作，每个动作可以完成特定的任务。下面介绍Dreamweaver中的动作，如表9-1所示。

表9-1　动作功能表

动作名称	功能描述
交换图像	事件触发后，用其他图片来取代选定的图片
播放声音	事件触发后，播放链接的声音
打开浏览器窗口	在新窗口中打开URL。可以定制新窗口的大小

（续表）

动作名称	功能描述
弹出信息	事件触发后，显示警告信息
调用JavaScript	事件触发后，调用指定的JavaScript函数
改变属性	改变选定客体的属性
恢复交换图像	事件触发后，恢复设置"交换图像"
检查表单	能够检测用户填写的表单内容是否符合预先设定的规范
检查插件	确认是否设有运行网页的插件
检查浏览器	根据访问者的浏览器版本，显示适当的页面
控制Shockwave或SWF	用于控制Shockwave或Flash的播放
设置导航栏图像	制作由图片组成菜单的导航条
设置文本	设置层文本是指在选定的层上显示指定的内容 设置框架文本是指在选定的框架页上显示指定的内容 设置文本域文字是指在文本字段区域显示指定的内容 设置状态条文本是指在状态栏中显示指定的内容
跳转菜单	制作一次可以建立若干个链接的跳转菜单
跳转菜单开始	在跳转菜单中选定要移动的站点后，只有单击【开始】按钮，才可以移动到链接的站点上
显示弹出式菜单	专门用来制作一个响应事件的弹出式菜单
预先载入图像	为了在浏览器中快速显示图片，事先下载图片之后显示出来
转到URL	选定的事件发生时，可以跳转到指定的站点或者网页文档上

在Dreamweaver CS4中已经不建议使用一些行为，如播放声音、控制Shockwave或SWF、时间轴等。

（2）事件

事件的种类有很多，一般情况下包括窗口事件、鼠标事件、键盘事件和表单事件等。下面介绍各类事件的名称、事件描述、使用的最低浏览器版本等。关于窗口的事件如表9-2所示。

表9-2　窗口事件

事件名称	功能描述	支持版本
onAbort	页面内容没有完全下载，用户单击浏览器的【停止】按钮时发生的事件	Netscape3、IE4
onMove	移动窗口或框架窗口时发生的事件	Netscape4

（续表）

事件名称	功能描述	支持版本
onLoad	页面被打开时的事件	Netscape3、IE3
onResize	改变窗口或者框架窗口的大小时发生的事件	Netscape4、IE4
onUnload	退出网页文档时发生的事件	Netscape3、IE3

关于鼠标和键盘的事件如表9-3所示。

表9-3　鼠标和键盘事件

事件名称	功能描述	支持版本
onClick	鼠标单击选定元素时触发的事件	Netscape3、IE3
onBlur	页面元素失去焦点的事件	Netscape3、IE3
onDragDrop	拖动并放置选定元素时发生的事件	Netscape4
onDragStart	拖动选定元素时发生的事件	IE4
onFocus	页面元素取得焦点的事件	Netscape3、IE3
onMouseOver	鼠标位于选定元素上方时发生的事件	Netscape3、IE3
onMouseUp	按下鼠标左键再释放时发生的事件	Netscape4、IE4
onMouseOut	鼠标移开选定元素时发生的事件	Netscape3、IE4
onMouseDown	按下鼠标时发生的事件	Netscape4、IE4
onMouseMove	鼠标指针移动到元素上方时发生的事件	IE3、IE4
onNetscapecroll	当浏览者拖动滚动条时发生的事件	IE4
onKeyDown	访问者在按下任何键盘按键时发生的事件	Netscape4、IE4
onKeyPress	在用户按下并放开任何字母数或字键时发生的事件	Netscape4、IE4
onKeyUp	访问者在放开任何之前按下的键盘键时发生的事件	Netscape4、IE4

关于表单的事件如表9-4所示。

表9-4　表单事件

事件名称	功能描述	支持版本
onAfterUpdate	更新表单文档的内容时发生的事件	IE4
onBeforeUpdate	改变表单文档的项目时发生的事件	IE4
onChange	访问者修改表单文档的初始值时发生的事件	Netscape3、IE3
onReset	将表单文档重新设置为初始值时发生的事件	Netscape3、IE3
onNetscapeubmit	访问者传送表单文档时发生的事件	Netscape3、IE3
onNetscapeelect	访问者选定文本字段中的内容时发生的事件	Netscape3、IE3

其他常用事件如表9-5所示。

表9-5 其他事件

事件名称	功能描述	支持版本
onError	在加载文档过程中，发生错误时发生的事件	Netscape3、IE4
onFilterChange	用于选定元素的字段发生变化时发生的事件	IE4
onFinishMarquee	用功能来显示的内容结束时发生的事件	IE4
onNetscapeart	开始应用功能时发生的事件	IE5

从以上表格中可以看出，每个类型的浏览器所支持事件的数量和种类并不相同，版本越高，所支持的事件数量也会越多。

目前流行的浏览器大多在IE6.0版本以上，在Dreamweaver CS4中，用户可以设置显示事件的浏览器版本，选择【窗口】>【行为】命令，打开"行为"面板，单击该面板中的【添加行为】按钮 ，从弹出的快捷菜单中选择【显示事件】>【IE6.0】命令即可，如图9-26所示。

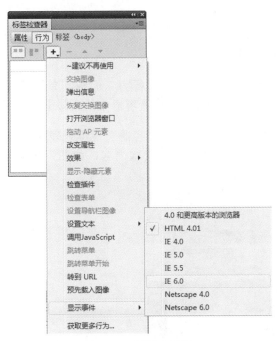

图9-26 "行为"面板

3．添加行为

动作只有在某个事件发生时，才能被执行。在Dreamweaver CS4中包括多种动作。下面介绍在行为执行时所发生的一些动作。

（1）**设置容器中的文本**

该动作可以将指定的内容替换为网页上现有AP元素中的内容和格式设置，具体实现的方法如下。

01 打开一个网页文档，单击"插入"面板"布局"类别中的【绘制AP Div】按钮，如图9-27所示。

02 在如图9-28所示的位置处绘制一个AP Div，并在其中输入文本内容，然后在"属性"面板中，将"溢出"选项设置为visible。

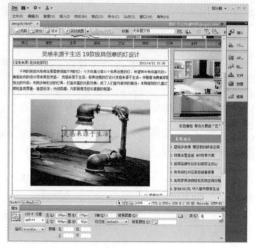

图9-27　【绘制AP Div】命令　　　　　　　　　　　图9-28　输入文本

03 选择【窗口】>【行为】命令，打开"行为"面板，单击【添加行为】按钮，从弹出的菜单中选择【设置文本】>【设置容器中的文本】命令，如图9-29所示。

04 在【设置容器的文本】对话框中，在"容器"下拉列表中选择"div "apDiv1""选项，在"新建HTML"文本框中输入文本内容，如图9-30所示，然后单击【确定】按钮。

图9-29　添加行为　　　　　　　　　　　　　图9-30　设置容器中的文本

05 在"行为"面板中，可以看到事件为"onFocus"的行为，如图9-31所示。

图9-31 "行为"面板

06 保存文件，按【F12】快捷键预览网页。当单击文本区域时，指定的内容将替换为网页上现有AP元素中的内容，如图9-32、图9-33所示。

图9-32 鼠标单击前

图9-33 鼠标单击后

（2）检查插件

在利用Flash、Shockwave等技术制作网页时，如果浏览者的计算机中没有安装相应的插件，就看不到网页中的这些对象。"检查插件"动作会自动检测浏览器是否已经安装了相应的软件，然后转到不同的页面中去。

下面将以是否存在Flash插件为例，具体介绍如何通过检查插件进入不同的页面。

01 打开一个网页文档，单击"标签选取器"中的<body>标签，然后单击"行为"面板中的【添加行为】按钮 ，从弹出的快捷菜单中单击【检查插件】命令，如图9-34 所示。

02 打开【检查插件】对话框，选择插件为Flash，分别单击"如果有，转到UPL"和 "否则，转到URL"后的【浏览】按钮，分别选择有Flash插件和没有Flash插件时要 转到的页面，如图9-35所示，设置完成后单击【确定】按钮。

图9-34 "检查插件"命令

图9-35 参数设置

03 在"行为"面板上添加了一个事件为onLoad的行为，即当页面打开时检查插件，如 图9-36所示。这样，在打开该网页时，如果发现用户的机器中没有安装该插件就会 跳转到index-1.html页面。

图9-36 添加onLoad行为

（3）预先载入图像

"预光载入图像"动作可以将不会立即出现在网页上的图像载入浏览器缓存中，这样可防止当图像应该出现时由于下载而导致延迟，设置该动作的具体操作方法如下。

01 打开一个网页文档，选择图像，单击"行为"面板中的【添加行为】按钮，从弹出的菜单中选择【预先载入图像】命令，如图9-37所示。

02 弹出【预先载入图像】对话框，单击【浏览】按钮，选择预载入的图像文件，如图9-38所示，然后单击【确定】按钮。

图9-37 选择"预先载入图像"命令 　　　　　　图9-38 在对话框中选择预载入的图像

03 此时，用户可以看到在"行为"面板中多了一个事件为onClick的行为，如图9-39所示。

图9-39 添加的行为

9.6 能力拓展

9.6.1 触类旁通——为网页添加行为（2）

01 运行Dreamweaver CS4，打开"素材\第9章\为网页添加行为（2）\源文件\index. html"网页文档，如图9-40所示。

02 将光标定位在导航栏的"剪纸新闻"处，选择【插入】>【布局对象】>【AP Div】命令，插入一个层，如图9-41所示。

图9-40 打开网页文档

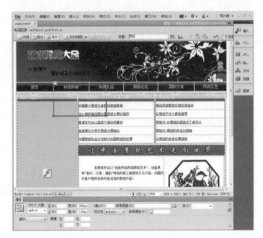

图9-41 插入AP Div

03 选中层，在"属性"面板中设置层"宽"为130 px，"高"为75 px，如图9-42所示。注意不要移动层的位置，此时这个层就是相对于该位置定位的。

04 将光标定位在该层中，插入一个3行1列的表格，设置表格宽度为100%，单元格间距为2像素。设置第一个单元格高为20，其他两个单元格均为25，并设置第二、三个单元格背景颜色为白色，如图9-43所示。

图9-42 属性设置

图9-43 插入表格、设置属性

05 在第二、三个单元格中分别输入"国际剪纸新闻"和"国内剪纸新闻"文本内容，如图9-44所示。

06 选中"剪纸新闻"文本所在的单元格，单击"行为"面板中的【添加行为】按钮，在弹出的快捷菜单中选择【显示-隐藏元素】命令，如图9-45所示。

图9-44 输入文本

图9-45 "行为"面板

07 弹出【显示-隐藏元素】对话框，在"元素"下拉列表框中选择"div "apDiv1""选项，单击【显示】按钮，如图9-46所示，然后单击【确定】按钮。

08 在"行为"面板中，将鼠标事件onFocus更改为onMouseOver事件，如图9-47所示。

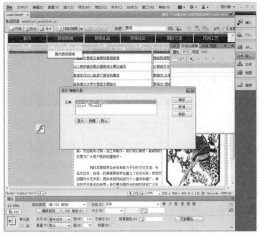

图9-46 "显示-隐藏元素"对话框

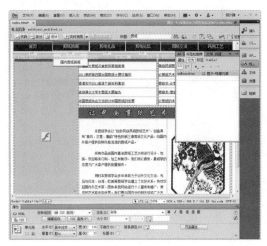

图9-47 设置事件

09 选中"剪纸新闻"所在的单元格，再为其添加【显示-隐藏元素】命令，在弹出的【显示-隐藏元素】对话框中选择"div "apDiv1""选项后，单击【隐藏】按钮，如图9-48所示，然后单击【确定】按钮。

10 在"行为"面板中,将鼠标事件onFocus更改为onMouseOut事件,如图9-49所示。

图9-48 "显示-隐藏元素"对话框

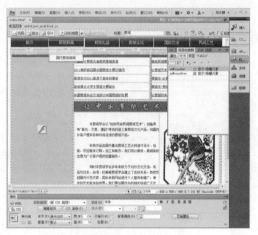
图9-49 添加的事件

11 选择【窗口】>【AP 元素】命令,打开"AP 元素"面板,单击"名称"前的眼睛图标 👁 隐藏"apDiv1",如图9-50所示。

12 保存文件,按【F12】快捷键预览网页。当鼠标指针移至导航栏中"剪纸新闻"所在的单元格时弹出菜单,如图9-51所示。

图9-50 "AP 元素"面板

图9-51 预览网页

13 选择一幅图像,单击"行为"面板中的【添加行为】按钮 🛨,从弹出的快捷菜单中选择【弹出信息】命令,如图9-52所示。

14 打开【弹出信息】对话框,在"消息"文本框中输入要显示的内容,如图9-53所示,然后单击【确定】按钮。

图9-52 选择【弹出信息】命令

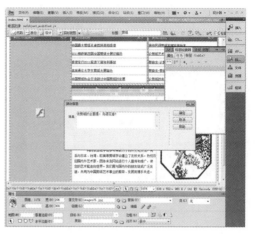

图9-53 输入文本内容

⑮ 在"行为"面板中可以看到一个事件为onClick的行为，如图9-54所示。

⑯ 保存文件，按【F12】快捷键预览网页。单击刚才设置的图像，弹出一个如图9-55所示的对话框。

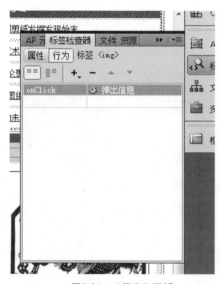

图9-54 "行为"面板

图9-55 预览网页

⑰ 选择"标签选取器"中的<body>标签，然后单击"行为"面板中的【添加行为】按钮 ，从弹出的快捷菜单中选择【打开浏览器窗口】命令，如图9-56所示。

⑱ 打开【打开浏览器窗口】对话框，在对话框中设置参数，如图9-57所示，完成后单击【确定】按钮。

图9-56　添加行为

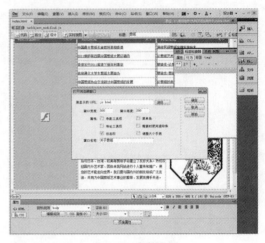

图9-57　参数设置

⑲ 这时，用户可以看到行为面板中新增的"打开浏览器窗口"行为，该行为的事件为
"onLoad"，如图9-58所示。

⑳ 保存文件，按【F12】快捷键预览网页。当页面加载时打开浏览器窗口，如图9-59所示。

图9-58　"行为"面板

图9-59　预览网页

小知识：打开浏览器窗口

　　调用"打开浏览器窗口"动作可以让用户在触发该行为时打开一个新的浏览器窗
口，在新窗口中可以载入指定URL地址上的网页，也可以设定新打开的浏览器窗口的属
性，如是否显示导航栏、状态条等。如果没有指定窗口的属性，则窗口将按启动窗口的
属性和大小打开，一旦指定了窗口的任何属性，都将自动关闭其他属性。

9.6.2 商业应用

尽管相对于表格和模板，行为在页面设计上的应用不多，但在网页制作过程中适当为网页元素添加一些行为，灵活运用合适的动作和事件，既可以提高网页的交互性，又能使网页更加生动、丰富。如图9-60所示为当用户登录中国民族证券网时，弹出关于声明信息的浏览器窗口。

图9-60 中国民族证券网的声明信息

9.7 本章小结

本章通过为网页添加行为的两个实例，向读者介绍不同类型行为的应用。通过本章的学习，读者应该了解行为的概念、"行为"面板，以及动作和事件的类型，熟练掌握常用动作的应用，希望读者在今后的网页设计中能够灵活运用这些内容。

9.8 认证必备知识

单项选择题

（1）"动作"是Dreamweaver预先编写好的_____脚本程序，通过在网页中执行这段代码可以完成相应的任务。

    A．VBScript   B．JavaScript   C．C++   D．JSP

（2）当鼠标移动到文字链接上时显示一个隐藏层，这个动作触发的事件应该是

_____。

　　A．onClick　　　B．onDbClick　　　C．onMouseOver　D．onMouseOut

多项选择题

（1）在Dreamweaver中，行为是由_____构成的。

　　A．事件　　　　　B．动作　　　　　C．初级行为　　　　D．最终动作

（2）如果想在打开一个页面的同时弹出另一个新窗口，下面说法错误的有_____。

　　A．在"行为"面板中选择【弹出信息】命令

　　B．在"行为"面板中选择【打开浏览器窗口】命令

　　C．在"行为"面板中选择【转到URL】命令

　　D．在"行为"面板中选择【跳转菜单】命令

判断题

（1）Dreamweaver中内置的"显示-隐藏元素"动作可以显示（隐藏）一个或多个元素，甚至还原其默认的显示状态。_____

　　A．正确　　　　　　　　　　　　　　　　　B．错误

（2）在文档中插入一个跳转菜单后，该跳转菜单会作为一个动作出现在其对应的"行为"面板中，对应的事件是onChange。_____

　　A．正确　　　　　　　　　　　　　　　　　B．错误

第10章 表单的应用

10.1 任务题目

利用表单创建交互式网页，掌握各种表单对象的应用，如文本域、列表、菜单和按钮等，能够在动态网站开发过程中灵活应用这些表单对象，实现访问者与网站之间的交互性功能。

10.2 任务导入

在网站中，表单是实现网页上数据传输的基础，其作用是实现访问者与网站之间的交互功能。利用表单可以收集访问者输入的信息，自动生成信息页面反馈给访问者等。本章将介绍利用表单创建交互式网页，详细介绍表单的相关知识。

10.3 任务分析

1．目的

了解表单的基本概念，掌握各种表单对象的应用，如文本域、列表、菜单和按钮等。

2．重点

（1）表单的概念。

（2）各种表单对象的应用。

（3）制作交互式网页。

3．难点

（1）表单对象的使用方法。

（2）制作交互式网页。

10.4 技能目标

（1）掌握各种表单对象的应用。

（2）能够使用表单创建交互式网页。

10.5 任务讲析

10.5.1 实例演练——制作职工信息采集表

01 运行Dreamweaver CS4，新建一个网页文档，单击"属性"面板中的【页面属性】按钮，打开【页面属性】对话框，进行如图10-1所示的参数设置，然后单击【确定】按钮。

图10-1 设置页面属性

02 选择【插入】>【表单】>【表单】命令，页面中出现红色的虚线，即在网页文档中插入一个表单域，如图10-2所示。

图10-2 插入表单域

03 选中表单，在"属性"面板中"表单 ID"文本框输入"职工信息"，在"编码类型"下拉列表中选择"application/x-www-form-urlencoded"，如图10-3所示。

04 将光标定位在表单域中，选择【插入】>【表格】命令，插入一个1行1列的表格，设置表格宽度为700像素，边框粗细为1像素，边框颜色为#8eb3ce，并设置其对齐方式为"居中对齐"。然后在该表格中嵌套一个13行2列的表格，设置表格宽度为100%，单元格间距为2像素，如图10-4所示。

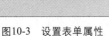

图10-3 设置表单属性

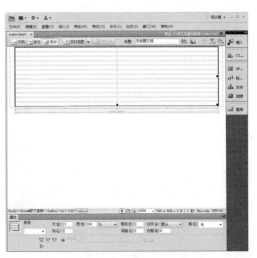

图10-4 插入表格并设置属性

05 输入相应的内容，并利用以前学习的知识对表格进行美化，如图10-5所示。

06 将光标定位在"工作单位："后的单元格中，单击"表单"栏中的【文本字段】按钮，如图10-6所示。弹出【输入标签辅助功能属性】对话框，默认设置并单击【确定】按钮。

图10-5 美化表格

图10-6 选择"文本字段"按钮

07 选中文本框，在其【属性】面板中设置"文本域"名称为"单位"， 设置"字符宽度"和"最多字符数"均为35，如图10-7所示。

08 按照同样的方法，在"联系电话："、"姓名："和"年龄："后各插入一个文本框，并设置其属性，如图10-8所示。

图10-7　设置文本框属性　　　　　　　　　　　　　　图10-8　插入文本框

09 将光标定位在"工作性质："文本后的单元格内，单击【表单】选项卡中的【单选按钮】按钮，在弹出的【输入标签辅助功能属性】对话框中的"标签"文本框中输入"国有企业"，"位置"选择"在表单项后"，如图10-9所示，单击【确定】按钮。

10 选择该单选按钮，在其【属性】面板中的"单选按钮"下的文本框中输入"工作性质"，在"选定值"文本框中输入"国有企业"，设置"初始状态"为"已勾选"，如图10-10所示。

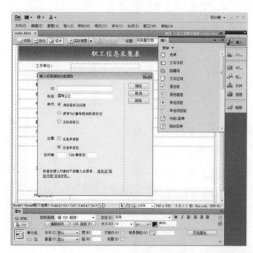

图10-9　插入单选按钮　　　　　　　　　　　　　　　图10-10　设置单选按钮属性

⑪ 使用同样的方法再插入两个单选按钮，并在"属性"面板 "单选按钮"下的文本框中均输入"工作性质"，在"选定值"文本框中分别输入"私营企业"和"其他"，设置"初始状态"均为"未选中"，如图10-11所示。

⑫ 在"性别："后的单元格中插入两个单选按钮，在"属性"面板 "单选按钮"下的文本框中均输入"性别"，在"选定值"文本框中分别输入"男"和"女"，设置"初始状态"分别为"已勾选"和"未选中"，如图10-12所示。

图10-11 插入单选按钮

图10-12 设置"性别"单选按钮

⑬ 将光标定位在"职务："后的单元格中，单击"表单"工具栏中的【单选按钮组】按钮，弹出【单选按钮组】对话框，然后在"名称"文本框中输入"职务"，并依次设置单选按钮的"标签"和"值"，如图10-13所示，单击【确定】按钮。

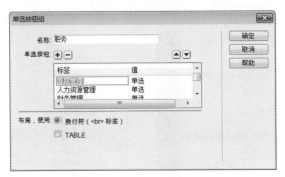

图10-13 单选按钮组参数设置

⑭ 此时，在网页文档中的"职务："一行插入了一组单选按钮，为了页面的美观，这里将所有的单选按钮组调整成如图10-14所示的样式。

⑮ 使用同样的方法，在"文化程度："后的单元格中插入一组单选按钮组，如图10-15所示。

| 图10-14 | 调整单选按钮组样式 | 图10-15 | 插入单选按钮组 |

⑯ 将光标定位在"个人技能："后的单元格中，单击"表单"工具栏上的【复选框】按钮☑，弹出【输入标签辅助功能属性】对话框，在"标签"文本框中输入"计算机等级"，单击【确定】按钮。选中该复选框，在其"属性"面板中设置参数，如图10-16所示。

⑰ 使用同样的方法制作其他的复选框按钮，如图10-17所示。

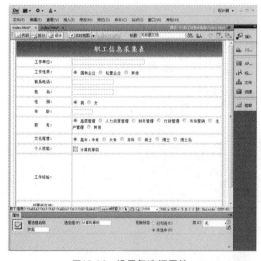

| 图10-16 | 设置复选框属性 | 图10-17 | 插入复选框 |

小知识：复选框

　　复选框的名称要统一。其"初始状态"可以根据需要设置为"已勾选"或"未选中"。

18 将光标定位在"工作经验："后的单元格内，单击"表单"工具栏中的【文本区域】按钮📷，弹出【输入标签辅助功能属性】对话框，默认设置并单击【确定】按钮。选中该文本区域，在"属性"面板中设置文本域名称为"工作经验"，字符宽度为50，行数为10，如图10-18所示。

19 将光标定位在"户籍所在地："文本后的单元格内，单击【表单】选项卡的【列表/菜单】按钮📷，如图10-19所示。弹出【输入标签辅助功能属性】对话框，单击【确定】按钮。

图10-18　设置文本域属性

图10-19　选择【列表/菜单】按钮

20 选中该表单对象，单击"属性"面板中的【列表值】按钮，弹出【列表值】对话框，输入中国的省份，如图10-20所示，设置完成后单击【确定】按钮。

图10-20　设置列表值

🌀 小知识：　"输入标签辅助功能属性"对话框

　　在插入表单对象的过程中，会弹出【输入标签辅助功能属性】对话框，有时无须进行设置，用户可以直接单击【确定】按钮。

㉑ 选中刚插入的列表，在其"属性"面板中设置"列表/菜单"名称为"户籍所在地"，类型选择"菜单"单选按钮，"初始化时选定"选择"请选择所在省份……"选项，如图10-21所示。

㉒ 将光标定位在表格的最后一行，单击"表单"工具栏中的【按钮】按钮 ▭，如图10-22所示。

图10-21 设置列表属性

图10-22 选择"按钮"命令

㉓ 选中该按钮，在"属性"面板中将"按钮名称"和"值"设置为"重置"，将"动作"设置为"重设表单"，如图10-23所示。

㉔ 再次插入一个按钮，选择按钮，并将"属性"面板中的"按钮名称"和"值"设置为"提交"，"动作"设置为"提交表单"，如图10-24所示。

图10-23 插入"重置"按钮

图10-24 插入"提交"按钮

注意

这里虽然有提交按钮，但是要使用表单的提交功能，读者还需要利用动态网页的相关知识进行完成，这里相当于完成一个前台的提交页面。

25 保存文件，按【F12】快捷键预览网页，效果如图10-25所示。

图10-25　预览网页

10.5.2　基础知识解析

1. 表单的概念

表单是实现网页上数据传输的基础，可用于在线调查、在线报名、搜索、订购商品等功能，利用表单可以实现访问者与网站之间的交互，可以根据访问者输入的信息，自动生成页面反馈给访问者等。

表单是Internet用户与服务器进行信息交流的重要工具之一，一般的表单由两部分组成，一是表单的HTML源代码，二是客户端的脚本，或者服务器端用来处理用户所填信息的程序。一个表单中会包含若干表单对象，即控件。

当用户将信息输入表单并提交时，这些信息就会被发送到服务器，服务器端应用程序或脚本对这些信息进行处理，再通过请求信息发送回用户，或基于该表单内容执行一些操作来响应。用来处理信息的脚本或程序一般有ASP、JSP、PHP、CGI等。一般情况下，如果不使用这些程序或脚本处理表单，则该表单就无法实现数据的收集。

如图10-26所示为人人网的注册表。当用户填写了相关资料并提交后，所填写的信息就被发送到服务器上，服务器端的应用程序或脚本会对信息进行处理，并执行某些程序或将处理结果反馈给用户。

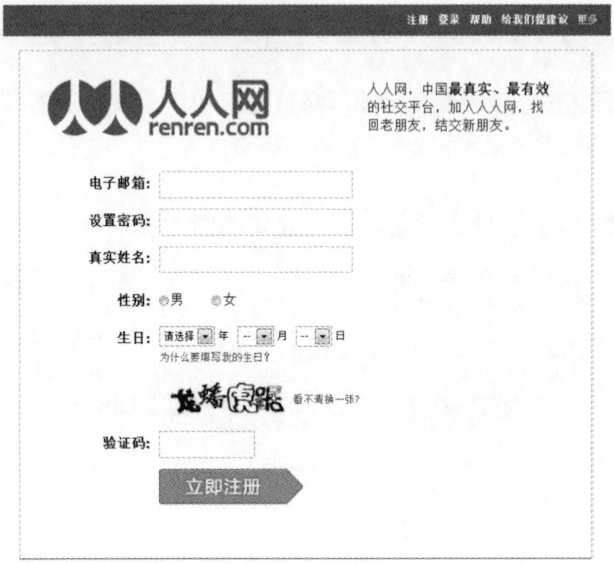

图10-26　人人网的注册表

2．表单域

制作表单页面之前，先要创建表单，换句话说就是表单对象必须添加到表单内才能正常运行。使用表单需具备以下两个条件：一是含有表单元素的网页文档；二是具备服务器端的表单处理应用程序或客户端脚本程序。

（1）创建表单域

创建表单域的方法很简单，其操作方法如下：将光标定位在要插入表单的位置，选择【插入】>【表单】>【表单】命令即可。

（2）表单域的属性

图10-27　表单域的"属性"面板

表单的"属性"面板，如图10-27所示，各选项含义如下。

✤ "表单ID"是标识该表单的唯一名称。

✤ "表单名称"是用来设置该表单的名称，该名称不能省略。

✤ "动作"是用来设置处理这个表单的服务器端脚本的路径，当然，如果不希望被服务器的脚本处理，可以采用E-mail的形式收集信息，如输入bd@126.com，则表示表单的内容将通过电子邮件发送至bd@126.com内。

✤ "方法"中包含3个选项："默认"、"POST"、"GET"。它用来设置将表单数据发送到服务器的方法。一般情况下选择"POST"，因为GET方法的限制较多，如URL的长度被限制在8192个字符内等，一旦发送的数据量太大，数据就会被截断。

❖ "编码类型"可以设置发送数据的MIME编码类型，通常有2个选项："application/x-www-form-urlencode"和"multipart/form-data"。"application/x-www-form-urlencode"通常与POST方法一起使用，如果表单中包含文件上传域，则应选择"multipart/form-data"，如果不通过服务器端而采用E-mail收集数据的话，则可以在该处手工输入"text/plain"。

❖ "目标"是指定反馈网页显示的位置。其中"_blank"在新窗口中打开页面；"_parent"在窗口中打开页面；"_self"在原窗口中打开页面；"_top"在顶层窗口中打开页面。

3. 表单对象

在Dreamweaver CS4中，用户可以创建各种表单，表单中可以包含各种对象，如文本域、图像域、文件域、按钮及复选框等。

（1）跳转菜单

跳转菜单可以建立URL与弹出菜单列表中选项之间的关联，其创建方法如下。

01 打开一个网页文档，将光标定位在"友情链接"下方的表单域中，选择【插入】>【表单】>【跳转菜单】命令，如图10-28所示。

图10-28　选择"跳转菜单"命令

02 在【插入跳转菜单】对话框中，删除"文本"输入框中的原有内容，输入"请选择……"，作为提示用户选择菜单，然后单击➕按钮，并在"文本"输入框后输入内容，如图10-29所示，完成后单击【确定】按钮。

图10-29　【输入跳转菜单】对话框

03 保存文件，按【F12】快捷键进行预览，如图10-30所示。当选择任意一个菜单项时，就会打开该菜单项链接的页面，如图10-31所示。

图10-30　预览网页　　　　　　　　　　　图10-31　跳转的页面

（2）隐藏域

隐藏域是在浏览器上看不见的表单对象，利用隐藏域可以实现浏览器与服务器在后台隐藏地交换信息，如姓名、电子邮件地址等，并在该用户下次访问此站点时使用这些数据。

01 将光标定位在要插入隐藏域的位置（本例定位在"设置密码："），选择【插入】>【表单】>【隐藏域】命令，如图10-32所示。

图10-32　选择【隐藏域】命令

02 选中隐藏域，在"属性"面板中可以设置【隐藏区域】和【值】，如图10-33所示。

 小知识：

①隐藏区域：设置隐藏区域的名称，默认为hiddenField。

②值：设置隐藏区域的值，该值将在提交表单时传递给服务器。

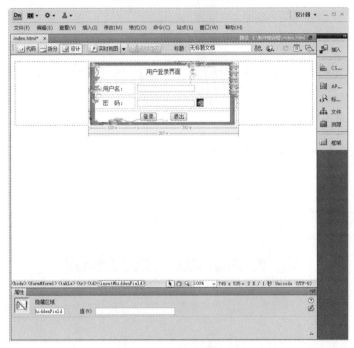

图10-33 设置隐藏域属性

（3）文件域

在Internet中上传文件时，需要用文件域将文件上传到相应的服务器。创建文件域的操作方法如下。

01 打开一个网页文档，将光标定位在"上传头像："后的单元格中，选择【插入】>【表单】>【文件域】命令，如图10-34所示。

02 此时，在网页文档中出现文件域。选中文件域，在"属性"面板中可以设置"文件域名称"、"字符宽度"和"最多字符数"，如图10-35所示。

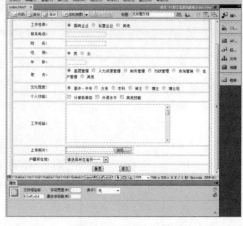

图10-34　选择【文件域】命令　　　　　　图10-35　设置文件域属性

03 保存文件，按【F12】快捷键预览网页。单击【浏览】按钮，打开【选择要加载的文件】对话框，用户可以选择上传的文件，如图10-36所示。

图10-36　预览网页

（4）图像域

图像域起的作用就是提交表单。与提交按钮相同，只是有时为了页面的美观，需要用图像来代替提交按钮。

4．检查表单

通过前面的操作，表单文件已经可以正常提交了，但如果不对该表单进行一些内容的限制，通常会收到一些无用的信息。为了让用户输入正确的信息，还应该通过检查表单功能，对该表单进行内容输入的限制。如邮件只能接收邮件格式，年龄限制为数字，且为1~120等。

打开"行为"面板，单击【添加行为】按钮，选择【检查表单】命令，在弹出的【检查表单】对话框中，可以对表单上的内容进行限制，如图10-37所示。

图10-37 设置检查表单

10.6 能力拓展

10.6.1 触类旁通——制作用户注册表

01 打开"素材\第10章\用户注册表\源文件\index.html"网页文档，在如图10-38所示的位置处插入表单域，然后再插入一个1行1列的表格，设置表格宽度为85%，对齐方式为居中对齐，单元格背景颜色为#F6F6F6。

02 在该表格中嵌套一个14行3列的表格，设置表格宽度为100%，单元格间距为2像素，如图10-39所示。

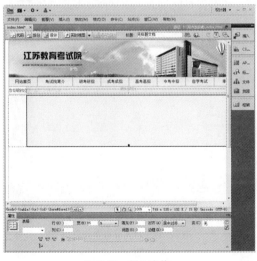

图10-38 插入表格

图10-39 嵌套表格

03 在对应的单元格输入内容，并利用学过的知识美化表格，如表格的应用和CSS样式的相关知识,效果如图10-40所示。

04 将光标定位在"用户名："后的单元格中，单击"表单"工具栏中的【文本字段】按钮，弹出【输入标签辅助功能属性】对话框，默认设置并单击【确定】按钮，如图10-41所示。

图10-40　美化表格

图10-41　单击【文本字段】按钮

05 选中文本框，在"属性"面板中设置"文本域"名称为"用户名"，设置"字符宽度"和"最多字符数"均为20，如图10-42所示。

06 按照同样的方法在"密码提示问题"、"密码回答问题"、"联系电话"和"电子邮件："后各插入一个文本框，如图10-43所示。

图10-42　设置文本域属性

图10-43　插入其他文本框

07 在"密码："后的单元格中插入一个文本框，并在"属性"面板中设置"文本域"名称为"密码"，设置"字符宽度"和"最多字符数"均为20，"类型"为"密码"，如图10-44所示。

08 使用同样的方法在"确认密码："后插入一个文本框，并进行属性设置，设置如图10-45所示。

图10-44 设置密码文本框

图10-45 设置确认密码文本框

09 将光标定位在"性别："文本后的单元格内，单击"表单"工具栏中的【单选按钮】按钮，如图10-46所示。

10 弹出【插入标签辅助功能属性】对话框中，在"标签"文本框后输入"男"，设置"位置"为"在表单项后"，如图10-47所示，然后单击"确定"按钮。

图10-46 插入单选按钮

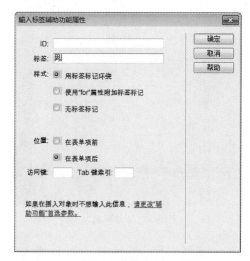

图10-47 【插入标签辅助功能属性】对话框

11 选择该单选按钮，在"属性"面板"单选按钮"下的文本框中输入"性别"，在"选定值"文本框中输入"男"，设置"初始状态"为"已勾选"，如图10-48所示。

12 用同样的方法再插入一个按钮，在"属性"面板"单选按钮"下的文本框中输入"性别"，在"选定值"文本框中输入"女"，设置"初始状态"为"未选中"，如图10-49所示。

图10-48　设置单选按钮属性　　　　　　　　　　　图10-49　插入另一个单选按钮

⑬ 将光标定位在"身份："文本后的单元格内，单击"表单"工具栏的【列表/菜单】按钮▤，如图10-50所示。

⑭ 选中该列表对象，单击"属性"面板中【列表值】按钮，弹出【列表值】对话框，在对话框中输入文本内容，如图10-51所示，单击【确定】按钮。

图10-50　添加列表

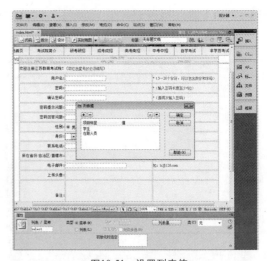

图10-51　设置列表值

⑮ 在"属性"面板中设置"列表/菜单"名称为"身份"，设置类型为"菜单"，在"初始化时选定"下拉列表中选择"学生"选项，如图10-52所示。

⑯ 使用同样的方法在"所在身份/自治区/直辖市："后的单元格中插入一个列表，输入中国的省份，如图10-53所示。

图10-52 设置列表属性   图10-53 插入列表

⑰ 将光标定位在"上传头像:"后的单元格中,单击"表单"工具栏中的【文件域】按钮,如图10-54所示。

⑱ 选中该表单对象,在"属性"面板中进行参数设置,设置如图10-55所示。

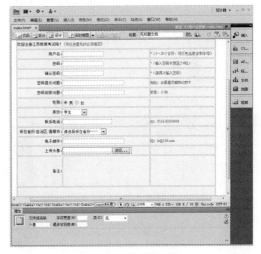

图10-54 插入文件域   图10-55 参数设置

⑲ 将光标定位在"备注:"后的单元格中,单击"表单"工具栏中的【文本区域】按钮,如图10-56所示。

⑳ 选中该文本区域,在"属性"面板中设置"文本域"名称为"备注","字符宽度"为30,"行数"为6,如图10-57所示。

图10-56　插入文本区域

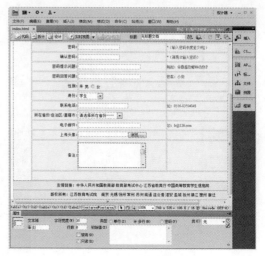

图10-57　设置文本域属性

21 将光标定位在表格的最后一行，单击"表单"工具栏中的【按钮】按钮 ⬜，如图10-58所示。

22 选中该按钮，在"属性"面板设置"按钮名称"和"值"均为"提交"，设置"动作"为"提交表单"，如图10-59所示。

图10-58　插入按钮

图10-59　设置按钮属性

23 再次插入一个按钮，选中按钮后在"属性"面板中设置"按钮名称"和"值"均为"重置"，设置"动作"为"重置表单"，如图10-60所示。

24 至此，用户注册表单页面制作完成。保存文件，按【F12】快捷键预览网页，如图10-61所示。

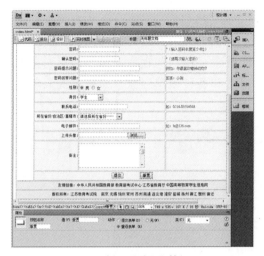

图10-60　插入【重置】按钮

图10-61　预览网页

10.6.2　商业应用

　　我们在上网时经常会遇到要求填写资料或提供信息的页面，如申请QQ号码时填写个人信息的页面，网上购物时填写的购物单等。这些页面都是表单页面，它是由多个表单对象组成的，网站管理员可以通过表单从浏览者处收集需要的信息，从而实现信息的传递。如图10-62所示为网易邮箱注册页面。

图10-62　网易邮箱注册页面

10.7 本章小结

本章通过制作职工信息采集表和用户注册表两个实例，向读者介绍了表单对象的应用。通过本章的学习，读者应了解表单的基本概念和各种表单对象，熟练掌握表单的应用，并能够综合使用各种表单对象创建交互式页面。

10.8 认证必备知识

单项选择题

（1）下列关于表单的说法正确的是_____。

    A．表单对象可以单独存于网页表单之外

    B．表单中包含各种表单对象，如文本域、按钮和复选框等

    C．表单就是表单对象

    D．表单内部还可以嵌套表单

（2）在Dreamweaver中插入单行文本域时，下面不是文本域形式的是_____。

    A．单行域　　　B．口令域　　　C．多行域　　　D．限制行域

多项选择题

（1）以下应用属于利用表单功能设计的是_____。

    A．用户注册　　　　　　　　B．浏览数据库记录

    C．网上订购　　　　　　　　D．用户登录

（2）在Dreamweaver中使用表单的作用包括_____。

    A．收集访问者的浏览印象

    B．访问者登记注册免费邮件时，可以用表单来收集一些必需的个人资料

    C．在电子商场购物时，收集每个网上顾客具体购买的商品信息

    D．使用搜索引擎查找信息时，查询的关键词都是通过表单提交到服务器上的

判断题

（1）与表格类似，在表单内部还可以嵌套表单。_____

    A．正确　　　　　　　　　　B．错误

（2）对于文本域来说，通过属性设置可以控制单行域的高度。_____

    A．正确　　　　　　　　　　B．错误

第11章 制作留言系统

11.1 任务题目

通过制作一个公司的留言系统实例，掌握动态网站的开发，如创建数据库、创建ODBC连接等，实现访问者与网站之间的交互。

11.2 任务导入

留言系统是实现访问者与网站沟通的最好方式，大多数网站都有自己的留言系统。当访问者浏览网页时，可以在留言系统中给管理员留言，管理员也可以进行回复。本章将制作一个留言系统，详细介绍动态网站的开发过程。

11.3 任务分析

1．目的

了解动态网页的特点及制作流程，掌握Web服务器的配置、创建ODBC连接与创建数据库连接的方法，能够独立制作一个留言系统。

2．重点

（1）Web服务器的配置。

（2）创建ODBC连接。

（3）制作留言系统。

3．难点

（1）创建ODBC连接。

（2）制作留言系统。

11.4 技能目标

（1）掌握数据库的相关知识。

（2）能够独立制作一个留言系统。

11.5 任务讲析

11.5.1 实例演练——创建数据库、配置Web服务器

01 打开Access 2010，在界面左侧列表中选择"新建"选项，在右侧选择"空数据库"选项，在界面右下角的"文件名"文本框中输入数据库名称，并单击其后的【浏览】按钮，弹出【文件新建数据库】对话框，从中选择一个文件夹来存放数据库，然后单击【确定】按钮，如图11-1所示。

02 返回Access创建界面，单击右下角的【创建】按钮，数据库创建完成，弹出【ly：数据库（Access 2007）】窗口，如图11-2所示。

图11-1 输入数据库名称并设置存放位置

图11-2 【ly：数据库（Access 2007）】窗口

03 选中表1，单击【保存】按钮或者按【Ctrl+S】组合键，弹出【另存为】对话框，输入表名称，如图11-3所示，然后单击【确定】按钮。

04 选择表admin，右键单击，在弹出的快捷菜单中选择【设计视图】命令，打开设计界面，输入username和password两个字段，并设置字段大小均为20，然后保存该表，如图11-4所示。

图11-3 保存数据表

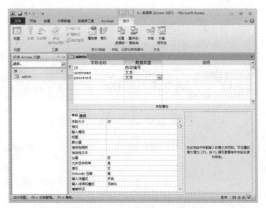

图11-4 设置表admin的字段

05 双击表admin，在其中添加一些记录集，如图11-5所示。

06 使用同样的方法建立表lybook，该表中包含的字段如图11-6所示。

图11-5　添加记录集　　　　　　　　　　　　　　　图11-6　创建lybook表

07 设置"发布时间"字段的数据类型为"日期/时间"，单击"常规"选项中"默认值"文本框后的 … 按钮，如图11-7所示。

08 弹出【表达式生成器】对话框，在最左侧的列表中单击【函数】，展开【函数】>【内置函数】，在中间列表中选择"时间/日期"选项，在最右侧的列表中双击Date，将该函数添加到文本框中，如图11-8所示，单击【确定】按钮。

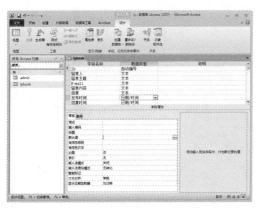

图11-7　设置"发布时间"字段　　　　　　　　　　图11-8　【表达式生成器】对话框

09 在表lybook中添加如图11-9所示的记录集。这样，留言系统的数据库就建立好了。下面将搭建本地服务器和配置Web服务器。

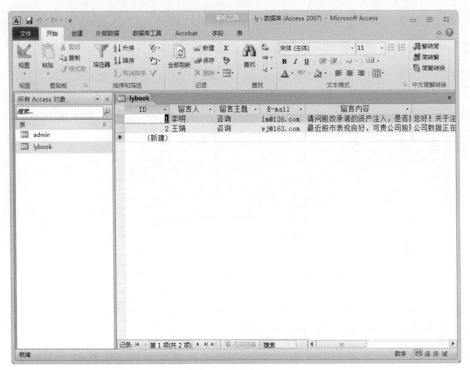

图11-9 数据库创建完成

⑩ 在桌面中选择【开始】>【控制面板】命令（Windows7操作系统），打开"控制面板"窗口，单击"程序"图标，如图11-10所示，然后单击"程序和功能"图标，如图11-11所示。

图11-10 单击"程序"图标

图11-11 单击"程序和功能"图标

⑪ 在"程序和功能"窗口中，单击左侧的"打开或关闭Windows功能"链接，如图11-12所示。打开【打开Windows 功能】对话框，依次展开【Internet 信息服务】>【万维网服务】>【应用程序开发功能】选项，根据需要选择相应的应用程序复选框，这里选择ASP应用程序，如图11-13所示，单击【确定】按钮。

图11-12 "打开或关闭Windows功能"链接

图11-13 【Windows 功能】对话框

⑫ 系统将自动安装相应程序，安装结束后，在浏览器里输入"http://localhost"可以进行测试，如图11-14所示。选择【开始】>【管理工具】命令，从弹出的快捷菜单中选择【Internet 信息服务（IIS）管理器】命令，如图11-15所示。

图11-14 测试页面

图11-15 Internet 信息服务（IIS）管理器

⑬ 打开【Internet 信息服务（IIS）管理器】窗口，在左侧的列表中展开【本地计算机】>【网站】选项，右键单击，在弹出的快捷菜单中选择【添加网站】命令，如图11-16所示。

⑭ 弹出【添加网站】对话框，在"网站名称"文本框中输入该网站的名称【留言系统】，然后单击"物理路径"后的【…】按钮，如图11-17所示，选择预创建的文件夹，然后单击【确定】按钮。

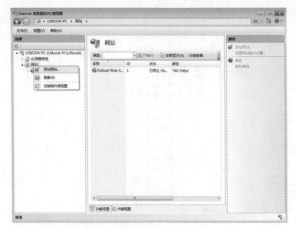

图11-16　添加网站

图11-17　添加网站的参数设置

⑮ 返回【Internet信息服务（IIS）管理器】窗口，单击下方的【内容视图】标签，可以看到该站点中所有的文件和文件夹，如图11-18所示。下面创建ODBC连接。

图11-18　添加网站完成

小知识：启动网站

　　网站添加完成后，一定要使其处于启动状态下才可用，启动网站的方法是：将光标定位在网站名称上，单击鼠标右键，从弹出的快捷菜单中选择【管理网站】>【启动】命令。或单击该窗口右侧"操作"栏中的"启动"即可。

⑯ 在桌面中选择【控制面板】>【管理工具】>【数据源ODBC】命令，打开【ODBC数据源管理器】对话框，单击【系统DSN】选项卡，切换到【系统DSN】的设计窗口，如图11-19所示，单击【添加】按钮。

⑰ 弹出【创建新数据源】对话框，选择列表中的"Driver do Microsoft Access（*.mdb，*.accdb）"选项，如图11-20所示，单击【完成】按钮。

图11-19 【ODBC 数据源管理器】对话框

图11-20 【创建新数据源】对话框

18 弹出【ODBC Microsoft Access安装】对话框，在"数据源名"文本框中输入数据库
名称"lyb"，如图11-21所示，单击【选择】按钮，弹出【选择数据库】对话框，
展开数据库目录，选择数据库，如图11-22所示，然后单击【确定】按钮。

图11-21 输入数据源名称

图11-22 选择数据库

19 返回【ODBC Microsoft Access 安装】界面，单击【确定】按钮。返回【ODBC 数据源
管理器】界面，显示所添加的驱动程序，如图11-23所示，然后单击【确定】按钮。

图11-23 创建ODBC数据源完成

> **小知识：数据源名称**
>
> 数据源名称（data source name, DSN）为ODBC定义了一个确定的数据库和必须用到的ODBC驱动程序。DSN存储在注册表或作为一个单独的文本文件，DSN里面包含的信息有名称、目录和数据库驱动器，以及用户ID和密码（根据DSN的类型）。开发人员为每个数据库创建一个独立的DSN。为了连接到某个数据库，开发人员需要在程序中指定DSN。相反，没有DSN的连接则需要在程序中指定所有必要的信息。

11.5.2 基础知识解析

1．动态网页的特点

在制作留言系统之前，先要了解动态网页的特点和制作流程。动态网页是与静态网页相对应的，也就是说URL的后缀是.htm、.html、.shtml、.xml等的网页是静态网页。而以.asp、.jsp、.php、.perl、.cgi等形式为后缀，并且在网址中有一个标志性的符号"？"的网页则为动态网页。

这里所说的动态网页，与网页上的各种动画、滚动字幕等视觉上的"动态效果"没有直接关系，动态网页也可以是纯文字的，也可以包含各种动画的内容，这些只是网页具体内容的表现形式，无论网页是否具有动态效果，采用动态网站技术生成的网页都称为动态网页。从网站浏览者的角度来看，无论是动态网页还是静态网页，都可以展示基本的文字和图片信息，但从网站开发、管理、维护的角度来看就大有差别了。

动态网页一般有以下几点特征。

①动态网页一般以数据库技术为基础，可以大大降低网站维护的工作量。

②采用动态网页技术的网站可以实现更多的功能，如用户注册、用户登录、在线调查、用户管理、订单管理等。

③动态网页并不是独立存在于服务器上的网页文件，只有当用户请求时服务器才返回一个完整的网页。

④动态网页中的"？"对搜索引擎检索存在一定的问题，搜索引擎一般不可能从一个网站的数据库中访问全部网页，或者出于技术方面的考虑，搜索文中不去抓取网址中"？"后面的内容，因此采用动态网页的网站在进行搜索引擎推广时需要做一定的技术处理才能适应搜索引擎的要求。

2．动态网页技术

早期的动态网页主要采用CGI技术即Common Gateway Interface（公用网关接口）。用户可以使用不同的程序编写适合的CGI程序，如Visual Basic、Delphi或C/C++等。虽然CGI技术已经发展成熟而且功能强大，但由于编程困难、效率低下、修改复杂，所以逐渐被新技术取代。下面向用户简单介绍3种动态网页技术。

（1）PHP技术

PHP即Hypertext Preprocessor（超文本预处理器），它是当今Internet上最为火热的脚本语言，其语法借鉴了C、Java、PERL等语言，但只需要很少的编程知识就能使用

PHP建立一个真正交互的Web站点。

它与HTML语言具有非常好的兼容性，使用者可以直接在脚本代码中加入HTML标签，或者在HTML标签中加入脚本代码从而更好地实现页面控制。PHP提供了标准的数据库接口，和数据库连接方便，具有兼容性强、扩展性强等特点，可以进行面向对象编程。

（2）ASP技术

ASP即Active Server Pages，是微软开发的一种类似于HTML（超文本标识语言）、Script（脚本）与CGI（公用网关接口）的结合体。它没有提供自己专门的编程语言，而是允许用户使用许多已有的脚本语言编写ASP应用程序。ASP的程序编制比HTML更方便且更有灵活性。它是在Web服务器端运行，运行后再将运行结果以HTML格式传送至客户端的浏览器。因此，ASP比一般的脚本语言安全得多。

ASP的最大优点是可以包含HTML标签，也可以直接存取数据库以及使用无限扩充的ActiveX控件，因此在程序编制上要比HTML方便而且更富有灵活性。通过使用ASP的组件和对象技术，用户可以直接使用ActiveX控件，调用对象方法和属性，以简单的方式实现强大的交互功能。

但ASP技术也非完美无缺，由于它局限于微软的操作系统平台之上，主要工作环境是微软的IIS应用程序结构，又因ActiveX对象具有平台特性，所以ASP技术不能很容易地实现在跨平台Web服务器上工作。

（3）JSP技术

JSP即Java Server Pages，是由Sun Microsystem公司于1999年6月推出的新技术，是基于Java Servlet以及整个Java体系的Web开发技术。

JSP和ASP在技术方面有许多相似之处，不过两者来源于不同的技术规范组织，ASP一般只应用于Windows NT/2000平台，而JSP则可以在85%以上的服务器上运行，而且基于JSP技术的应用程序比基于ASP的应用程序更易于维护和管理，所以被认为是未来最有发展前途的动态网站技术。

3. 动态网页的制作流程

动态网站的开发有其一定的制作流程，首先要做好前期的总体策划工作，并按照一定的创作流程进行工作，才能达到事半功倍的效果，从而避免后期的多次修改和返工，确保网站创作的质量。如图11-24所示为动态网页的制作流程。

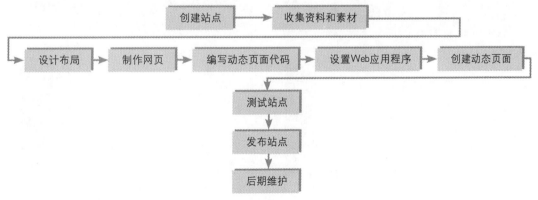

图11-24　动态网页制作流程

11.6 能力拓展

11.6.1 制作留言系统

01 打开刚才创建的"index.asp"页面，选择【窗口】>【数据库】命令，弹出"数据库"面板，如图11-25所示。

02 单击【数据库】选项卡中的按钮 ，从弹出的快捷菜单中选择【数据源名称（DSN）】命令，如图11-26所示。

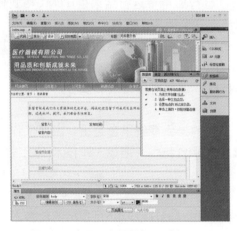

图11-25　打开"应用程序"面板

图11-26　数据源名称

03 打开【数据源名称（DSN）】对话框，在"连接名称"文本框中输入"conn"；在"数据源名称"下拉列表中选择"lyb"，完成后单击【测试】按钮。连接成功时，提示【成功创建连接脚本】对话框，如图11-27所示，单击【确定】按钮。

04 返回【数据源名称（DSN）】对话框，单击【确定】按钮，返回"数据库"面板，展开"脚本编制"选项，可以查看数据表的内容，如图11-28所示。

图11-27　测试成功

图11-28　"脚本编制"选项

05 选择【绑定】选项卡，单击 ⊞ 按钮，从弹出的快捷菜单中选择【记录集（查询）】命令，如图11-29所示。

06 在【记录集】对话框中的"连接"下拉列表框中选择"conn"，在"表格"下拉列表框中选择"lybook"，然后选择【全部】单选按钮，在"排序"下拉列表框中选择"issuetime"，并选择排序方式为"降序"，如图11-30所示。设置完成后单击【确定】按钮。

图11-29 绑定记录集

图11-30 参数设置

07 在"绑定"面板中可以看到完成的记录集（查询），如图11-31所示。

08 将光标定位在"留言人："后面的表格中，在"记录集"中选择"name"字段，单击【插入】按钮，如图11-32所示。

图11-31 绑定的记录集

图11-32 选择name字段

09 可以看到留言者姓名已经被绑定，如图11-33所示。

10 使用同样的方法绑定其他字段，如图11-34所示。

图11-33　绑定姓名字段

图11-34　绑定其他字段

11 保存文件，按【F12】快捷键预览网页，效果如图11-35所示。这样就将数据绑定到了页面。下面设置重复区域和翻页功能。

12 选择index.asp页面中的嵌套表格，选择【插入】>【数据对象】>【重复区域】命令，如图11-36所示。

图11-35　预览网页

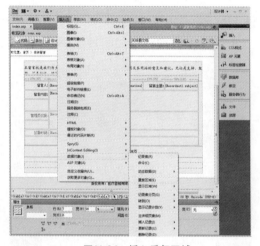
图11-36　插入重复区域

13 打开【重复区域】对话框，选中【显示】单选按钮，并在其文本框中输入5，如图11-37所示，然后单击【确定】按钮。

14 该表格就被设置了重复区域，如图11-38所示。

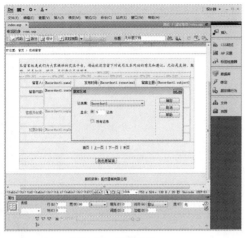

图11-37 设置参数

图11-38 重复区域设置完成

⑮ 选中"首页"文本，展开"服务器行为"面板，单击 图标按钮，从弹出的快捷菜单中选择【记录集分页】>【移至第一条记录】命令，如图11-39所示。

⑯ 打开【移至第一条记录】对话框，默认设置，如图11-40所示，然后单击【确定】按钮。

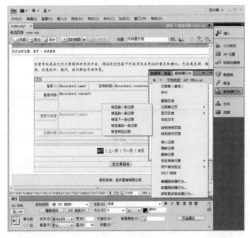

图11-39 记录集分页

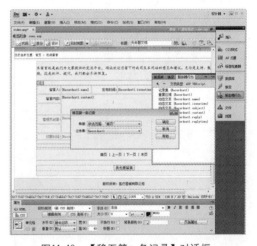

图11-40 【移至第一条记录】对话框

⑰ 依照同样的方法，设置页面中的"上一页"、"下一页"和"末页"，如图11-41所示。

⑱ 选中【我也要留言】按钮，在"行为"面板中单击 图标按钮，在弹出的快捷菜单中选择【转到URL】命令，如图11-42所示。

图11-41 设置其他分页	图11-42 添加行为事件

⑲ 打开【转到URL】对话框，设置"URL"为"add.asp"，如图11-43所示，然后单击【确定】按钮。

⑳ 在"行为"面板中添加了一个事件为onClick的行为，如图11-44所示，当访问者单击【我也要留言】按钮时，页面将跳转到添加留言页面"add.asp"。至此，index.asp页面制作就完成了。下面接着制作add.asp页面。

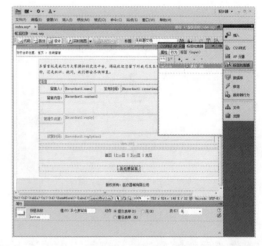

图11-43 【转到URL】对话框	图11-44 "行为"面板

㉑ 打开add.asp网页文档，选择【插入】>【数据对象】>【记录集】命令，打开【记录集】对话框，如图11-45所示。

㉒ 弹出【记录集】对话框，在"连接"下拉列表中选择"conn"，在"表格"下拉列表框中选择"lybook"，如图11-46所示，设置完成后单击【确定】按钮。

图11-45　插入记录集　　　　　　　　　　　　图11-46　参数设置

㉓ 展开"服务器行为"面板，单击 ➕ 图标按钮，从弹出的快捷菜单中选择【插入记录】命令，如图11-47所示。

㉔ 打开【插入记录】对话框，在"连接"下拉列表中选择"conn"，在"插入到表格"下拉列表中选择"lybook"，在"插入后，转到"文本框中输入"index.asp"，然后设置【表单元素】如图11-48所示，完成后单击【确定】按钮。

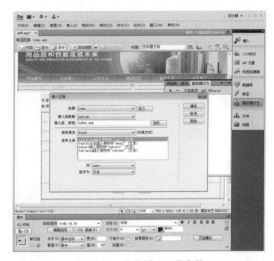

图11-47　【插入记录】命令　　　　　　　　　图11-48　设置插入记录参数

㉕ 保存文件，按【F12】快捷键预览网页，输入留言信息，如图11-49所示，然后单击【提交】按钮。

㉖ 在主页面中可以看到刚刚提交的留言信息，如图11-50所示。添加留言页面制作完成。下面将制作管理员登录页面。

图11-49　输入留言信息　　　　　　　　　图11-50　提交的留言信息

㉗ 打开"login.asp"页面，选择【插入】>【数据对象】>【用户身份验证】>【登录用户】命令，如图11-51所示。

㉘ 打开【登录用户】对话框，在"用户名字段"下拉列表中选择"admin"；在"密码字段"下拉列表中选择"password"，在"使用连接验证"下拉列表中选择"conn"，在"表格"下拉列表中选择"admin"，在"用户名列"下拉列表中选择"username"，在"密码列"下拉列表中选择"password"，在"如果登录成功，转到"文本框中输入"admin.asp"，在"如果登录失败，转到"文本框中输入"login.asp"，如图11-52所示。完成后单击【确定】按钮。

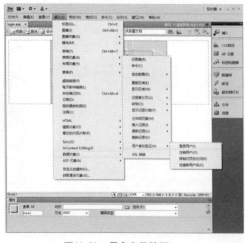

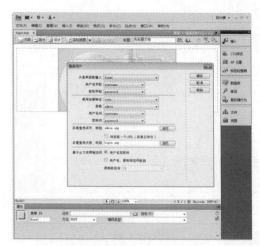

图11-51　用户身份验证　　　　　　　　　图11-52　参数设置

㉙ 保存文件，按【F12】快捷键预览网页。当用户输入正确的用户名和密码后，单击【登录】按钮，将打开留言管理界面，如图11-53和图11-54所示。下面制作留言管理界面。

图11-53 用户登录界面　　　　　　　　图11-54 登录到后台管理

30 打开"admin.asp"原始页面，选择【插入】>【数据对象】>【记录集】命令，如图11-55所示。

31 打开【记录集】对话框，对各项进行设置，如图11-56所示，设置方法与在"index.asp"页面的设置方法相同，完成后单击【确定】按钮。

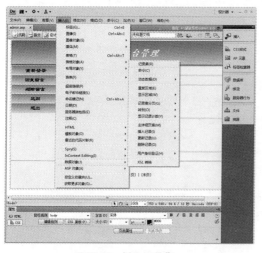

图11-55 插入记录集　　　　　　　　图11-56 参数设置

32 按照"index.asp"页面中绑定各字段的方法对各字段进行绑定，如图11-57所示。

33 选择页面中的"回复留言"图像，在其"属性"面板中的"链接"文本框中输入"reply.asp?id=<%=(Recordset1.fields.Item("ID").Value)%>"代码，如图11-58所示。

257

图11-57　绑定各字段

图11-58　设置"回复留言"图像

㉞ 选中页面中的"删除留言"图像，在其"属性"面板中的"链接"文本框中输入 "delete.asp?id=<%=(Recordset1.fields.Item("ID").Value)%>"代码，如图11-59所示。选中"重新登录"、"返回"图像，在"属性"面板的"链接"文本框中，分别输入"login.asp"和"admin.asp"，选中"退出"图像，在"链接"文本框中输入"javascript:window.close();"。最后为页面设置翻页功能。

㉟ 保存文件，按【F12】快捷键预览网页。当单击"回复留言"或"删除留言"时，转到其相应的页面，如图11-60所示。

图11-59　设置其他图像功能

图11-60　预览网页

小知识：限制对页的访问

留言页面不是所有人都能管理，它的权限只有管理员。所以需要添加对这个页面权限的限制。具体操作方法如下：选择【插入】>【数据对象】>【用户身份验证】>【限制对页的访问】命令，如图11-61所示。打开【限制对页的访问】对话框，选择【用户名和密码】单选按钮，在"如果访问被拒绝，则转到"文本框中输入"login.asp"，如图11-62所示，设置完成后单击【确定】按钮。

图11-61　限制对页的访问

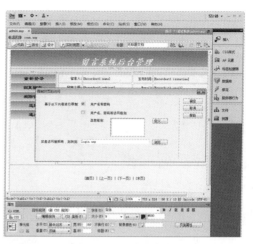

图11-62　设置参数

㊱ 打开原始文件 "reply.asp"，选择【插入】>【数据对象】>【记录集】命令，如图11-63所示。

㊲ 打开【记录集】对话框，在"名称"文本框中输入"Recordset1"，在"连接"下拉列表中选择"conn"，在"表格"下拉列表中选择"lybook"，选择【选定的】单选按钮，在文本框中按【Ctrl】键同时选择"ID"和"reply"两个字段；在"筛选"下拉列表中选择"ID"，如图11-64所示。完成后单击【确定】按钮。

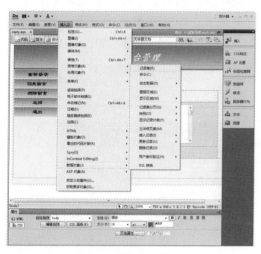

图11-63　插入记录集

图11-64　参数设置

㊳ 展开"绑定"面板，将"回复留言"文本域绑定，如图11-65所示。

㊴ 展开"服务器行为"面板，单击 图标按钮，从弹出的快捷菜单中选择【更新记录】命令，如图11-66所示。

图11-65　绑定文本域

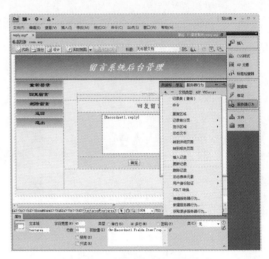

图11-66　选择【更新记录】命令

⓸⓪ 弹出【更新记录】对话框，在"连接"下拉列表中选择"conn"，在"要更新的表格"下拉列表中选择"lybook"，在"选取记录自"下拉列表中选择"Recordset1"，在"唯一键列"下拉列表中选择"ID"，在"在更新后，转到"文本框中输入"index.asp"，如图11-67所示，完成后单击【确定】按钮。然后对该页面设置"限制对页的访问"功能，设置方法同admin.asp。

⓸⓵ 保存文件，按【F12】快捷键预览网页。先以管理员的身份登录"留言系统后台管理"页面，这时可以看到一条新的留言还没有回复，单击"回复留言"，则跳转到回复留言页面，在文本区域输入回复的内容，单击【确定】按钮，如图11-68所示。

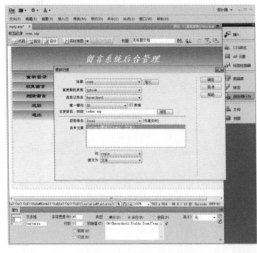

图11-67　设置更新记录参数

图11-68　预览网页

⓸⓶ 回复留言后，主页中会看到回复的内容，如图11-69所示。

⓸⓷ 打开"delete.asp"原始页面，选择【插入】>【数据对象】>【记录集】命令，打开【记录集】对话框，在"连接"下拉列表中选择"conn"，在"表格"下拉列表中

选择"lybook"，选择【全部】单选按钮，在"筛选"下拉列表中选择"ID"，如图11-70所示。完成后单击【确定】按钮。

图11-69　留言回复内容

图11-70　插入记录集、设置参数

㊹ 将光标定位在"留言人"文本字段区域，打开"绑定"面板，绑定姓名字段，依照同样的方法，绑定其他的文本字段，如图11-71所示。

㊺ 打开"服务器行为"面板，单击 图标按钮，从弹出的快捷菜单中选择【删除记录】命令，如图11-72所示。

图11-71　绑定各字段

图11-72　删除记录

㊻ 弹出【删除记录】对话框，进行如图11-73所示的设置，完成后单击【确定】按钮。同样对该页面设置限制对页的访问功能。

㊼ 保存文件，按【F12】快捷键预览网页。先以管理员的身份进入"留言系统后台管理"页面，选择要删除的留言，单击【删除留言】按钮，则该条留言将被删除，如图11-74所示。

图11-73　参数设置

图11-74　预览网页

11.6.2　商业应用

　　留言系统作为一个重要的交流工具，在收集用户意见方面起到了很大作用，实现了访问者与网站之间的沟通。访问者可以在留言板给网站管理员留言，而管理员则可以对留言进行管理，如查看留言、回复留言以及删除留言等。如图11-75所示为中国海洋石油总公司留言页面，访问者可以浏览其他访问者的留言内容以及回复内容，也可以给网站管理员留言。

图11-75　中国海洋石油总公司留言页面

11.7　本章小结

本章以制作公司留言系统为例，向读者介绍动态网页的开发过程。通过本章的学习，读者应了解动态网页开发的特点、动态网页开发技术以及制作流程，并熟练掌握数据库的创建、Web服务器配置、ODBC数据源连接等。希望读者通过学习能够独立制作一个留言系统。

11.8　认证必备知识

单项选择题

（1）下列说法中，不是动态网页优点的是＿＿＿＿＿＿＿。

　　A．相对于静态网页，动态网页不太容易被搜索引擎收录

　　B．无须系统实时生成，网页风格灵活多样

　　C．日常维护方便，交互性强

　　D．响应速度快，减轻了服务器的负担，节约了服务器存储空间

（2）下列不是动态HTML效果的是＿＿＿＿＿＿＿。

　　A．鼠标指向后文字变红色

　　B．打开某网站时自动弹出一个新窗口

　　C．网页中变化不断的GIF动画

　　D．网页中自动更新的日期

多项选择题

（1）网页设计中，下面关于ASP的表述错误的有＿＿＿＿＿＿＿。

　　A．ASP是动态服务器页面的英文缩写

　　B．ASP程序中不可以包含纯文本、HTML标记以及脚本语言

　　C．ASP是一种客户端的嵌入式脚本语言

　　D．ASP程序不可以用任何文本编辑器打开

（2）下列关于JavaScript的描述，错误的是＿＿＿＿＿＿＿。

　　A．在网页编写时可以把JavaScript语句写在一个文件中，同时被多个页面调用，这个文件的扩展名是jpg

　　B．将JavaScript嵌入HTML页面时，必须使用<script>标签

C．JavaScript是一种面向对象的网页脚本语言，但只适合在Windows XP系统中运行

D．JavaScript在网页中执行时需要先编译成可执行文件

判断题

（1）IIS应运行在Windows NT 平台上，它只提供WWW服务功能。_____

    A．正确   B．错误

（2）ASP是一种服务器端脚本编写环境，它以VBScript或JScript作为脚本语言，可用来创建包含HTML标记、文本和脚本命令的动态网页，称为ASP动态网页。_____

    A．正确   B．错误